FORSCHUNGSBERICHTE DES WIRTSCHAFTS- UND VERKEHRSMINISTERIUMS NORDRHEIN-WESTFALEN

Herausgegeben von Staatssekretär Prof. Leo Brandt

Nr. 100

Prof. Dr.-Ing. H. Opitz, Aachen

Untersuchungen von elektrischen Antrieben,
Steuerungen und Regelungen an Werkzeugmaschinen

Als Manuskript gedruckt

SPRINGER FACHMEDIEN WIESBADEN GMBH

ISBN 978-3-322-98401-2   ISBN 978-3-322-99149-2 (eBook)
DOI 10.1007/978-3-322-99149-2

Forschungsberichte des Wirtschafts- und Verkehrsministeriums Nordrhein-Westfalen

G l i e d e r u n g

I.	Vorwort	S. 5
II.	Einleitung	S. 5
III.	Allgemeines	S. 7
IV.	Begriffe der Steuerungs- und Regelungstechnik	S. 8
V.	Arten von Werkzeugmaschinenantrieben	S. 11
VI.	Untersuchung der Antriebsverhältnisse an einem Drehautomaten	S. 21
VII.	Kenntafeln für Antriebsverhältnisse	S. 36
VIII.	Beispiele zur Kenntafelermittlung	S. 40
	1. Allgemeines	S. 40
	2. Drehzahlbilder	S. 40
	3. Schwungmomente	S. 40
	4. Hochlauf-, Brems- und Umsteuerzeiten einer Revolverdrehbank	S. 54
	5. Wirkungsgradmessung an Drehbänken	S. 62
IX.	Statistische Untersuchung von Fertigungsvorgängen	S. 69
X.	Untersuchung geregelter Antriebe	S. 87
	1. Untersuchungen über die Betriebssicherheit elektronischer Regelantriebe durch Erprobung im Dauerversuch	S. 88
	2. Meßtechnische Untersuchung moderner Regelantriebe	S. 93
XI.	Betrachtungen zur Wirtschaftlichkeit von Steuerungen und Regelungen	S. 109
	1. Verfahrensvergleiche und Festlegung der optimalen Losgrößen in der Massenfertigung	S. 114
	2. Vergleich der Wirtschaftlichkeit bei Drehvorgängen mit und ohne Schnittgeschwindigkeitsregelung	S. 121
	3. Über die Wirtschaftlichkeit der stufenlosen Drehzahlregelung	S. 130
	4. Zusammenfassung und Schlußbetrachtung zur Wirtschaftlichkeit von Steuerungen und Regelungen	S. 148
XII.	Literaturverzeichnis	S. 150

Forschungsberichte des Wirtschafts- und Verkehrsministeriums Nordrhein-Westfalen

I. Vorwort

Die Entwicklung der Antriebstechnik im In- und Ausland hat in den letzten Jahren zu umwälzenden Neuerungen geführt. Ihre Anwendung im Werkzeugmaschinenbau warfen zahlreiche Probleme auf, da Werkzeugmaschinen wechselnde Bearbeitungsaufgaben zu erfüllen haben. Von Seiten der interessierten Industrie ist die Anregung gegeben worden, an der Technischen Hochschule Aachen als neutraler Stelle, Untersuchungen zur Klärung dieser Fragen durchzuführen. Dank der freundlichen Unterstützung des Ministeriums für Wirtschaft und Verkehr des Landes Nordrhein-Westfalen konnte das vorliegende Forschungsvorhaben aufgegriffen und unter finanzieller Beteiligung der Werkzeugmaschinen-Industrie weitergeführt werden. Die Beteiligung der Elektro-Industrie erfolgte durch Zurverfügungstellung der notwendigen Geräte.

Die Versuchsarbeiten wurden im Laboratorium für Werkzeugmaschinen und Betriebslehre in Zusammenarbeit mit dem Institut für Elektrische Nachrichtentechnik an der Rhein.-Westf. Technischen Hochschule Aachen durchgeführt. Die Ergebnisse dieser Untersuchungen sind in dem vorliegenden 1. Bericht niedergelegt.

II. Einleitung

Unter den Fertigungsverfahren nimmt die spanende Formgebung eine sehr bedeutungsvolle Stellung ein, denn der weitaus größte Teil aller industriellen Erzeugnisse erhält seine endgültige Form und Oberflächenbeschaffenheit durch ein oder mehrere spanende Bearbeitungsverfahren. Die ständige Forderung nach Erhöhung der Produktion bei verbesserter Qualität hat deshalb sowohl auf die Konstruktion der Werkzeugmaschinen als auch auf die Entwicklung der Werkzeugbaustoffe und -formen entscheidenden Einfluß gehabt.

Man muß sich nun vergegenwärtigen, daß die Werkzeugmaschine ein Produktionsmittel ist, d.h. immer nur Mittel zum Zweck sein kann. Sie erfüllt dann ihre Aufgabe am besten, wenn das Erzeugnis unter Wahrung der Qualitätsanforderungen mit einem möglichst niedrigen Anteil an Maschinen- und Werkzeugkosten je Stück erstellt wird. Die Weiterentwicklung der Maschinen muß daher letztlich immer unter diesen Gesichtspunkten vom Erzeugnis aus bestimmt werden, d.h. von den geforderten Bearbeitungsverfahren, der notwendigen Form- und Maßgenauigkeit, der Oberflächengüte und den anfallenden Stückzahlen. Die Leistungsfähigkeit spanender Werkzeugmaschinen

__Forschungsberichte des Wirtschafts- und Verkehrsministeriums Nordrhein Westfalen__

steht dabei in enger Wechselbeziehung zu der Leistungsfähigkeit der Schneidwerkstoffe und der Zerspanbarkeit der Werkstückstoffe.

Damit ergeben sich als Hauptgesichtspunkte (1) für die Entwicklungsrichtungen der Werkzeugmaschinen:

1. Ausnutzung der Leistungsfähigkeit der neuzeitlichen Schneidwerkzeuge hinsichtlich der Spanleistung, der anwendbaren Schnittgeschwindigkeiten, sowie der zerspanungstechnisch möglichen Maßgenauigkeit und Oberflächengüte.

2. Abgrenzung der Anpassung des Arbeitsbereiches der Maschine an die Erfordernisse des Werkstückes (erforderliche Bearbeitungsvorgänge, Stückzahlen u.a.).

Mit diesen Fragen eng gekoppelt ist die Entwicklung der dazugehörigen Antriebe, Steuerungen und Regelungen, denn die moderne Werkzeugmaschine stellt heute an diese Ausrüstungsteile hohe und vielseitige Anforderungen. Die Entwicklungsrichtung geht dahin, daß die Antriebe nicht nur eine oder mehrere diskrete Drehzahlen liefern, sondern einen stufenlosen Bereich überstreichen sollen, um möglichst die optimalen Schnittgeschwindigkeiten einhalten zu können. Ferner sei auf die Vorteile hingewiesen, die sich durch die Anwendung von Programmsteuerungen erzielen lassen. Viele Lösungen der verschiedensten Antriebsprobleme mit mechanischen, hydraulischen, elektrischen und pneumatischen Mitteln sind bekannt geworden.

In Anbetracht der Fülle von neuen Möglichkeiten erschien es deshalb zweckmäßig, Versuche durchzuführen, die sich auf die betriebliche Prüfung bereits vorhandener elektrischer Steuer- und Regelaggregate (elektronische und magnetische Regelgeräte, Maschinenverstärker) und die Abgrenzung ihrer Anwendungsgebiete im Werkzeugmaschinenbau erstreckten. Zur Klärung dieser Fragen war es zunächst notwendig, Messungen an ausgeführten Maschinen vorzunehmen (z.B. Schwungmomente, Hochlauf-, Brems- und Umsteuerzeiten, Wirkungsgrade) und darüber hinaus statistische Ermittlungen anzustellen, die über den betrieblichen Einsatz der Maschinen hinsichtlich der vorwiegend ausgenutzten Leistungs- und Drehzahlbereiche Aufschluß geben.

Damit werden einerseits, einem dringenden Wunsche der Elektrotechnik entsprechend, Grundlagen geschaffen, die zur Vorausberechnung elektrischer Antriebe und Ausrüstungen dienen. Andererseits sollen diese Unterlagen dem Maschinenbauer Hinweise und Anregungen in konstruktiver Hinsicht vermitteln.

Darüber hinaus mußte durch Wirtschaftlichkeitsbetrachtungen untersucht werden, unter welchen Voraussetzungen der zwangsläufig höhere Aufwand beim Einsatz moderner Antriebe gerechtfertigt zu sein scheint.

III. Allgemeines

Wie bereits erwähnt, hat die Forderung der Werkzeugmaschinen-Industrie nach Leistungssteigerung auf die Entwicklung der Antriebsfragen in Verbindung mit modernen Steuer- und Regeleinrichtungen entscheidenden Einfluß gehabt.

Da nicht alle Bearbeitungsvorgänge einer ausgesprochenen Massenfertigung unterliegen, sondern viele Arbeiten auf Universal- und Mehrzweckmaschinen durchgeführt werden, ist besonders im letzteren Fall dafür Sorge zu tragen, daß auch bei mittleren Stückzahlen noch rationell produziert wird. Diese Produktionsarten bedingen eine Fülle von Nebenzeiten, die man im Hinblick auf eine preiswerte Erstellung des Fertigungsproduktes zu verringern bestrebt ist.

Da mit Einführung des Hartmetalles die Hauptzeiten weitgehend herabgesetzt werden konnten, mußte zwangsläufig im Laufe der Entwicklung den Nebenzeiten größere Bedeutung beigemessen werden. Gleichzeitig hatte die Verfeinerung der Fertigungsverfahren einen erhöhten Aufwand an Ausrüstungsteilen zur Folge. Ferner haben die Statistiken des In- und Auslandes gezeigt, daß auch die installierten Leistungen bei den Maschinen in den letzten Jahren sprunghaft gestiegen sind.

Die Forderungen an die elektrische Ausrüstung sind im Werkzeugmaschinenbau besonders vielseitig, und man ist bestrebt, den Ablauf der verschiedensten Arbeitsfunktionen reibungslos und möglichst selbsttätig zu gestalten. So wird je nach den Aufgaben der Maschine die elektrische Ausrüstung auf die Drehmoment-, Drehzahl- oder Leistungscharakteristik abgestimmt werden müssen. Eine Erhöhung der Produktion verlangt höhere Geschwindigkeiten, kürzere Anlauf-, Brems- und Umsteuerzeiten, Einschränkung der Spann- und Meßzeiten, einfache und möglichst narrensichere Bedienung. Außerdem sollen während des Bearbeitungsablaufes Werkstück und Werkzeug leicht und genau einstellbar auf die Relativgeschwindigkeiten gegeneinander gebracht werden können. Die bei Hartmetallwerkzeugen möglichen großen Schnittgeschwindigkeiten, sowie die Verarbeitung der verschiedensten Materialien bedingen eine Erweiterung des Drehzahlbereiches, dessen Drehzahlen in vielen Fällen feinstufig bzw. sogar stufenlos einstellbar sein müssen. So hat die Entwicklung hochwertiger Regelantriebe in Verbindung mit Verstärkereinrichtungen (elektronische Verstärker, magnetische Verstärker, Maschinenverstärker: Amplidyne) entscheidend dazu beigetragen, daß moderne Werkzeugmaschinen und Werkzeuge für große Schnittgeschwindigkeiten voll ausgenutzt werden können.

Diese neuen Lösungen boten dem Werkzeugmaschinenbauer vielseitige Anwendungsmöglichkeiten. Die Entwicklung hat jedoch gezeigt, daß die anfänglich gestellten Forderungen und Erwartungen hinsichtlich der Größe des stufenlosen Verstellbereiches und der Sollwertstabilität dieser Antriebe mit einem Kostenaufwand verbunden sind, der im Vergleich zur erzielbaren Leistungssteigerung zu hoch erscheint. Da eine geringe Abweichung vom günstigsten Arbeitspunkt in der Mehrzahl der Fälle keine bedeutende Steigerung der Fertigungskosten auslöst, besteht zwischen der Aufwendigkeit eines Antriebes und einer Arbeitsaufgabe ein unmittelbarer Zusammenhang.

Bei Werkzeugmaschinen müssen die Antriebe in erster Linie Anforderungen genügen, die sich aus dem Vorgang der Spanabnahme ergeben. Daraus folgt, daß eine Abstimmung der elektrischen Möglichkeiten nach wirtschaftlichen Gesichtspunkten vorgenommen werden muß. Es ist deshalb, wie die aufgeworfenen Probleme zeigen, von größter Wichtigkeit, daß bei der Gestaltung einer modernen Werkzeugmaschine, sowie beim Projektieren des dazugehörigen Antriebes und der Steuerung eine gute Zusammenarbeit zwischen Maschinenbau und Elektrotechnik bestehen muß, um aus der Fülle der vorhandenen elektrischen, hydraulischen und mechanischen Bauelemente oder deren Kombination die zweckentsprechendsten auszuwählen.

IV. Begriffe der Steuerungs- und Regelungstechnik

Die Fragen der Bedienbarkeit und Automatisierung der Werkzeugmaschinen sind eng mit den Fragen des Antriebes und der Steuerung verbunden. Die Lösung der sich hieraus ergebenden Probleme und Aufgaben verlangt den vollen Einsatz aller Mittel der modernen Steuerungs- und Regelungstechnik. Ihre Bausteine passen sich nämlich den Betriebsverhältnissen der Maschinen und den Eigenschaften des Antriebes in vielen Fällen gut an. Es haben sich deshalb zwangsläufig in zunehmendem Maße hochwertige elektrische und

Forschungsberichte des Wirtschafts- und Verkehrsministeriums Nordrhein Westfalen

hydraulische Meß-, Steuer- und Regelsysteme in Verbindung mit gleichwertigen Verstärkereinrichtungen eingeführt. Auf Grund der stürmischen Entwicklung und der Fülle von neuen Bauelementen, hat man zur Vereinheitlichung des Sprachgebrauches versucht, in den neuen "Regeln für Schaltgeräte" VDE 0660/12.52 und in dem Entwurf "Regelungstechnik, Begriffe und Bezeichnungen", DIN 19226, die auf den Gebieten der Steuerungs- und Regelungstechnik bisher verwendeten Bezeichnungen für genau definierte Begriffe festzulegen (2). In Anbetracht dessen, daß sich beide Gebiete, "Steuerungen und Regelungen", in letzter Zeit stark ausgedehnt haben, war eine Abgrenzung durch Festlegung neuer Begriffe notwendig geworden.

Dies ist besonders in Bezug auf die Praxis von Bedeutung, damit bei der Diskussion über geregelte Antriebe die Bedingungen der Arbeitsweise eines gewünschten Antriebes zwischen Hersteller und Verbraucher klar umrissen werden können. Da die Ausdrücke "Steuern und Regeln" heute noch recht willkürlich angewendet werden, erscheint es angebracht, die wichtigsten Begriffe dieser Gebiete kurz zu erläutern:

Unter Steuern versteht man ganz allgemein einen Vorgang, bei dem abhängig von gewissen Einflußgrößen eine andere Größe eingestellt wird. Dies kann während der Betriebszeit der Steuerung einmalig oder laufend, wenn auch in zeitlich voneinander abgesetzten Schritten, mit stetiger Veränderlichkeit oder in Stufen vorgenommen werden.

Im Gegensatz dazu liegt die Aufgabe der Regelung darin, den vorgegebenen Wert einer Größe, die ohne Regelung in unerwünschter Weise veränderlich wäre, herzustellen und aufrecht zu erhalten. Dabei erfolgt das Einhalten eines "Sollwertes" laufend auf Grund von Vergleichsmessungen der zu regelnden Größe.

In Abbildung 1 sind die Hauptbestandteile (3) einer Steuerung und Regelung aufgeführt.

Bei der Steuerung (Abb. 1a) wird im offenen Wirkungsablauf vom Befehlsgeber, z.B. einem Druckknopf, über einen Verstärker, vielfach ein Schütz, der Motor gesteuert (Ein- und Ausschalten). Ein weiteres Beispiel für einen Steuerungsvorgang ist das Verstellen der Drehzahl eines Gleichstrommotors durch Feldänderung von Hand oder automatisch mittels Druckknöpfen und Verstellmotor.

Wird mit den Bausteinen einer Steuerung auf Grund von Messungen ein vorgegebener Zustand trotz störender Einflüsse hergestellt und aufrecht erhalten, so handelt es sich im allgemeinen um eine Regelung. Dabei erfolgt das Überwachen, Vergleichen und Eingreifen in die Regelstrecke am Stellort selbsttätig im Rahmen eines geschlossenen Wirkungsablaufes.

Wie in (Abb. 1b) schematisch dargestellt, wird die zu regelnde Größe am Meßort gemessen und über einen Verstärker dem Meßwertgeber zugeführt. Der hier festgestellte "Istwert" der zu regelnden Betriebsgröße wird mit dem am Sollwertgeber angezeigten "Sollwert" verglichen und der Unterschied, die Regelabweichung, über den Regelverstärker an das Stellglied weitergeleitet, welches seinerseits am Stellort ein Verstellen der Regelstrecke

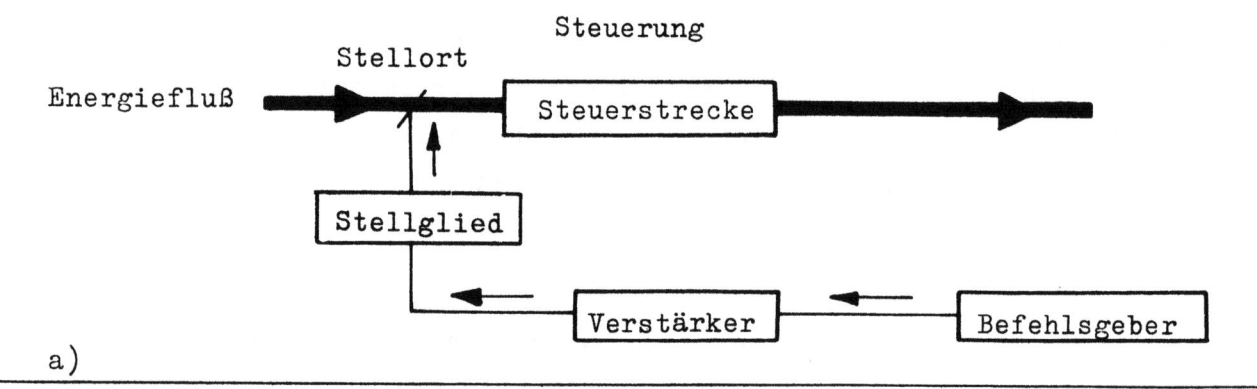

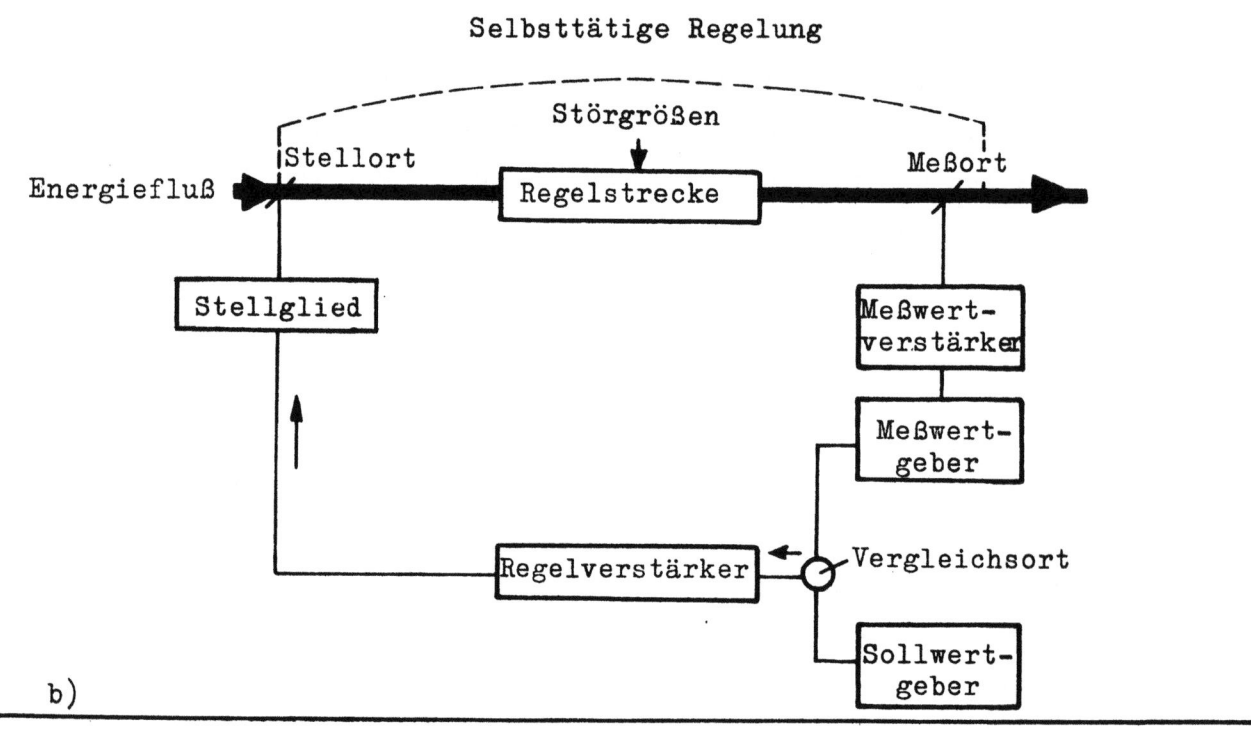

Abbildung 1

im Sinne einer Verminderung der Regelabweichung zur Folge hat. Die Gesamtheit aller Glieder, die an dem geschlossenen Wirkungsablauf teilnehmen, werden vom sogenannten "Regelkreis" umfaßt.

Aus der Darstellung des Regelvorganges läßt sich bereits die Bedeutung leistungsfähiger Verstärker für Regelaufgaben ersehen. Die am Vergleichsort zur Verfügung stehende Leistung reicht nämlich in den meisten Fällen nicht zu der gewünschten Beeinflussung des Regelkreises aus und muß deshalb verstärkt werden. Hierfür steht heute eine Reihe leistungsfähiger Einrichtungen zur Verfügung. Die neuen Bauelemente lassen sich sowohl für Aufgaben der Steuerung als auch für Aufgaben der Regelung einsetzen.

V. Arten von Werkzeugmaschinenantrieben

Die Einsatzmöglichkeiten verschiedener Antriebsformen für Hauptbewegungen und Vorschübe ist durch die Maschinenart und die damit verbundenen Betriebsverhältnisse gegeben. Unter den vorhandenen Lösungen herrschen für Hauptantriebe elektrische, elektromechanische und mechanische Ausführungen vor. Zur stufenlosen Vorschubverstellung findet man neben elektrischen und mechanischen zahlreiche hydraulische Antriebe. Praktisch werden zwei Wege zur Drehzahlverstellung beschritten (1).

1. Veränderung der Abtriebsdrehzahl durch mechanische oder hydraulische Glieder mit oder ohne nachgeschalteten Räderstufen. Abgesehen von einer zusätzlich möglichen Polumschaltung bei Kurzschlußläufermotoren bleibt die Drehzahl des Antriebselementes konstant.

2. Stufenlose Veränderung der Drehzahl des Antriebselementes mit oder ohne nachgeschalteten Räderstufen zur Erzielung des gewünschten Drehzahl- oder Vorschubbereiches.

Im folgenden seien die grundlegenden elektrischen Antriebsarten kurz geschildert und ihre Grenzen angedeutet.

Zu 1.
Zur Veränderung der Abtriebsdrehzahl verwendet man neben Stufenrädergetrieben oder in Verbindung mit diesen stufenlos einstellbare Getriebe bei konstanter Drehzahl des Antriebsmotors. So gestatten hydraulische Getriebe eine stetige Verstellbarkeit des Übersetzungsverhältnisses im Lauf oder im Stillstand. Die Hauptvorteile dieser Getriebe sind die großen, innerhalb einer Stufe erzielbaren Übersetzungsbereiche und die grundsätzliche Eignung für drehende und geradlinige Bewegungen, sowie vor allem

Forschungsberichte des Wirtschafts- und Verkehrsministeriums Nordrhein Westfalen

das äußerst kleine Verhältnis von Schwungmoment der Antriebsteile zum erzielbaren Nutzmoment.

Da bei mechanischen Getrieben eine Verstellung des Übersetzungsverhältnisses oft nur im Lauf erfolgen darf, sind zur Steuerung umfangreiche Hilfsantriebe erforderlich. Der Vorteil dieser Getriebe liegt darin, daß bei allen Drehzahlen, abgesehen von den Verlusten, die volle Leistung an der Abtriebswelle zur Verfügung steht, auch wenn diese bei den unteren Drehzahlen nicht ausgenutzt werden kann, da bei N = const. im unteren Bereiche zu große Momente und damit zu große Kräfte innerhalb der Maschine auftreten würden.

Als elektrischer Antrieb für derartige Getriebe wird in den meisten Fällen der Drehstromasynchronmotor verwendet, der sich besonders durch seine Robustheit, seinen einfachen Aufbau und seine relativ große Starrheit in der Drehzahl auszeichnet. Für diesen Antrieb, der im Normalfall eine konst. Drehzahl besitzt, gilt die Beziehung

$$n = \frac{60 \cdot f}{P}(1-s) \quad \left[\frac{U}{min}\right]$$

Von der Möglichkeit der Drehzahlverstellung durch Änderung der Frequenz f und des Schlupfes s wird in der Praxis bei Werkzeugmaschinen selten Gebrauch gemacht. Demgegenüber werden polumschaltbare Motoren mit Kurzschlußläufern sehr häufig eingesetzt. Diese Antriebe erlauben eine stufenweise Einstellung verschiedener diskreter Drehzahlen durch Änderung der Polpaarzahl P. Dabei sind verschiedene Arten der Umschaltung zu unterscheiden. Einmal läßt sich die normale Ständerwicklung so einrichten, daß durch Anzapfen und Umschalten von Wicklungsteilen mehrere Polpaarzahlen erreicht werden können. Die zweite Möglichkeit ist durch Umschalten einer Wicklung von Dreieck auf Doppelstern (Dahlanderschaltung) gegeben. Man erhält hierbei ein Drehzahlverhältnis 1:2. Schließlich kann man den Ständer mit einer zusätzlichen Wicklung versehen, wobei sich Drehzahlverhältnisse von 1:3, 1:5 und mehr erreichen lassen.

Allgemein ist zu sagen, daß der Drehstromasynchronmotor im Werkzeugmaschinenbau praktisch nur konstante Drehzahlen liefern soll und somit für stufenlose Verstellung ausscheidet.

Zu 2.
Zur stufenlosen Drehzahlverstellung des Antriebselementes bieten sich nun folgende Möglichkeiten:

Forschungsberichte des Wirtschafts- und Verkehrsministeriums Nordrhein-Westfalen

<u>Der Drehstromkollektormotor.</u> Dieser Antrieb mit verhältnismäßig kleinem Drehzahlbereich (1:3) bei konstantem Moment konnte sich nur ganz vereinzelt im Werkzeugmaschinenbau einführen. Der Grund hierfür mag darin liegen, daß die Einstellung der gewünschten Drehzahl einer mechanischen Verstellung bedarf, deren Betätigung mit elektrischen Mitteln immer kostspielig und vielgestaltig wird. Außerdem liegt dieser Antrieb im Preis wesentlich höher als der Asynchronmotor.

Als Verstell- und Regelaggregat findet heute <u>der Gleichstromnebenschlußmotor</u> vorzugsweise Verwendung. Er erlaubt über die Feldverstellung eine Änderung der Drehzahl im Verhältnis 1:3 bei konstanter Leistung. Die Ankerspannung bleibt dabei konstant. Zur Erweiterung des Bereiches im Gebiet kleinerer Drehzahlen ist noch eine Verstellung durch Änderung der Ankerspannung bei konstantem Moment möglich. Im letzteren Fall bleibt das Feld konstant. Damit ergeben sich die in Abbildung 2 dargestellten Kurven in Abhängigkeit von der Drehzahl.

Für den Gleichstrommotor gelten folgende Beziehungen:

$$E = c_1 \cdot \phi \cdot n \qquad E = U - I \cdot R$$

$$n = \frac{U - I \cdot R}{c_1 \cdot \phi}$$

Der große Drehzahlbereich beruht auf der Tatsache, daß die Drehzahl bei konstantem Feld proportional der EMK E ist, und diese EMK im großen Bereich verändert werden kann. Da andererseits die EMK gleich der Differenz zwischen Ankerspannung U und Spannungsabfall im Anker $I \cdot R$ ist, so ergibt sich eine annähernde Proportionalität mit der Ankerspannung U, wenn hiergegen der Ankerspannungsabfall vernachlässigt werden kann. Das Drehmoment des Gleichstrommotors ist nun

$$Md = c_2 \cdot \phi \cdot I$$

bei konstantem Feld (ϕ = const.), also dem Ankerstrom I proportional. Demnach ist das Nenndrehmoment bei konstantem Feld ebenfalls konstant, wenn man bei einer Maschine für den Strom I einen bestimmten Maximalwert zuläßt. Bei Feldschwächung sinkt das Moment proportional mit dem Fluß ϕ, d.h. umgekehrt proportional mit der Drehzahl n. Da die Leistung $N = Md \cdot n$ ist, ergeben sich die in Abbildung 2 dargestellten Diagramme.

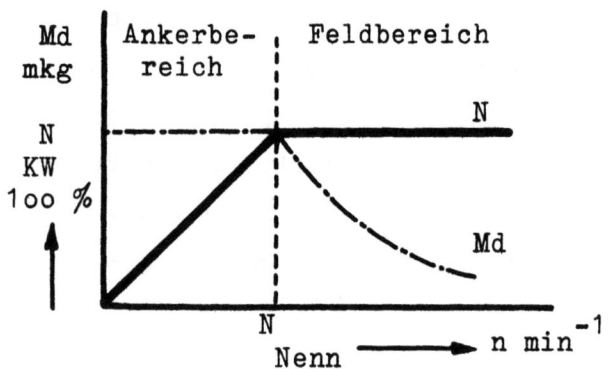

Abbildung 2
Leistungs- und Drehmomentdiagramm eines Gleichstromnebenschlußmotors

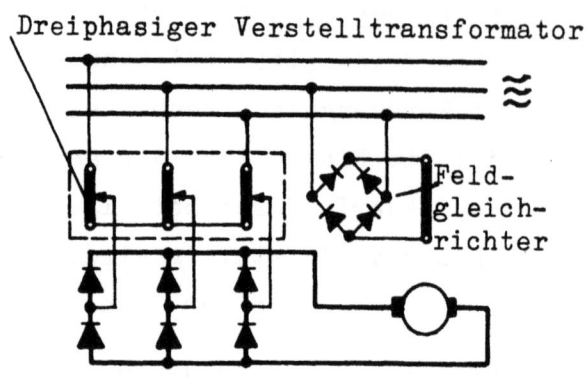

Abbildung 3
Trockengleichrichter mit vorgeschaltetem Verstelltransformator

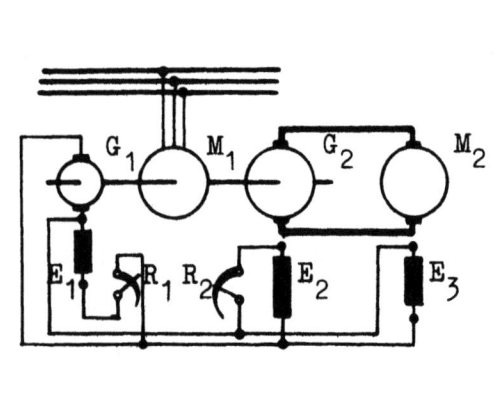

Abbildung 4
Leonardschaltung

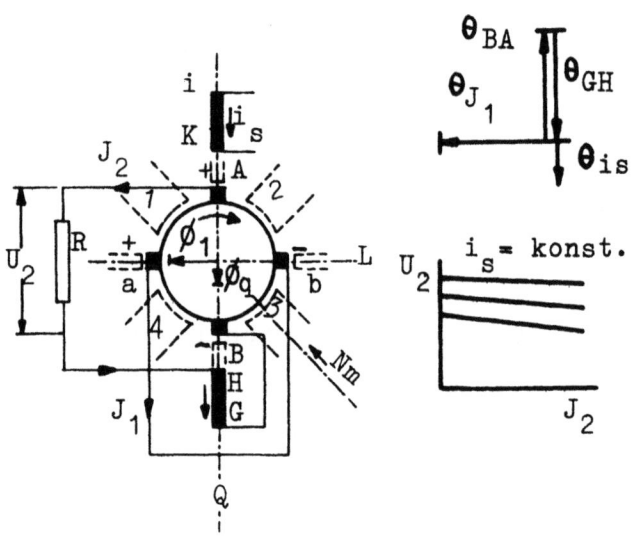

Abbildung 5
Prinzipschaltung einer Amplidyne

Da in den Betrieben meistens nur Drehstrom zur Verfügung steht, geht man auf Grund der physikalischen Eigenschaften des Gleichstrommotors von dem Gedanken aus, ein spezielles örtliches Gleichstromnetz aufzubauen, welches so gesteuert wird, daß der Antrieb die von ihm verlangten Aufgaben erfüllt. Hierzu bedient man sich verschiedener Verfahren:

Forschungsberichte des Wirtschafts- und Verkehrsministeriums Nordrhein Westfalen

a) Die Spannung wird einem Trockengleichrichter (4) mit vorgeschaltetem Verstelltransformator entnommen (Abb. 3). In einfachen Fällen, wo keine Drehzahlkonstanz gefordert wird, mag dieses Verfahren ausreichen.

b) Die bekannte und altbewährte Leonardschaltung (Abb. 4) konnte in Verbindung mit modernen Verstärkerelementen, wie Maschinenverstärker (Amplidyne), Magnetverstärker und Röhrenverstärker wesentlich verbessert werden (Nutzbremsung, Drehzahlkonstanz, schnelles und stoßfreies Umsteuern). Indem die Erregerleistung den Verstärkern entnommen wird, ist es nunmehr möglich, eine leistungsfähige Regelschaltung aufzubauen, bei der als Stellglied der Steuergenerator des Leonardsatzes verwendet wird. In diesem Zusammenhang sei kurz auf die Arbeitsweise der Amplidyne (5) hingewiesen. Abbildung 5 zeigt den grundsätzlichen Aufbau. Der Anker ist zweipolig gewickelt und trägt je einen Bürstensatz in der Längsachse L und Querachse Q. Der Ständer besitzt 4 Hauptpole und 4 Wendepole. Auf Grund dieser Anordnung ist der magnetische Widerstand sowohl in der Längsachse also auch in der Querachse praktisch gleich.

In der Querachse magnetisiert die Kompensationswicklung G - H und entgegengesetzt dazu die fremderregte Steuerwicklung i - k. Der Wicklungssinn ist so vorausgesetzt, daß der Stromrichtungspfeil auch die Richtung der von ihm erzeugten Durchflutung angibt.

Wird die Amplidyne mit der Drehzahl n angetrieben und ihr eine mechanische Leistung N_m zugeführt, so erzeugt eine geringe Durchflutung Θ_{is} der Steuerwicklung in der Querachse Q einen kleinen Querfluß ϕ_q, der eine Spannung an den Bürsten a - b der Längsachse und den Strom I_1 im Kurzschlußkreis hervorruft. Der Strom I_1 mit der Ankerdurchflutung ΘJ_1 hat den Längsfluß ϕ_ℓ zur Folge, der an den Bürsten A - B in der Querachse die Nutzspannung U_2 erzeugt. Im Belastungskreis stellt sich der Strom I_2 ein. Die Ankerdurchflutung Θ_{BA} dieses Stromes wird durch die Durchflutung Θ_{GA} der Kompensationswicklung voll aufgehoben. Die Amplidyne ist eine Konstantspannungsmaschine, bei der die Verstärkung in 2 Stufen vorgenommen wird. 1.Stufe: Steuerkreis - Kurzschlußkreis, 2. Stufe: Kurzschlußkreis - Nutzkreis. Es gelten die Beziehungen:

$$i_s \sim \phi_q \sim J_1 \sim \phi_1 \sim U_2 \sim J_2$$

Verstärkungsfaktor: $$v = \frac{U_2 \cdot I_2}{r_s \cdot i_s^2}$$

Mit relativ kleinem Steuerstrom i_s läßt sich die Spannung U_2 variieren und damit entsprechend dem Verstärkungsfaktor eine große Änderung im Nutzkreis hervorrufen.

c) Die magnetischen Regelgeräte bieten den Vorteil, daß sie weder einer Alterung unterworfen sind noch bewegte Teile besitzen und unmittelbar nach dem Einschalten betriebsbereit sind. Jedoch muß auf die nennenswerten Eigenzeiten Rücksicht genommen werden. Neben der Aufgabe zur direkten Ankerspeisung des Gleichstrommotors werden sie infolge ihres hohen Verstärkungsgrades ebenfalls zu Regelzwecken herangezogen.

In Abbildung 6 ist die Prinzipschaltung eines dreiphasigen Magnetverstärkers dargestellt. Die Einstellung der Drehzahl erfolgt an einem Potentiometer. Man vergleicht die am Potentiometer abgegriffene Spannung mit der Ankerspannung und nutzt die Spannungsdifferenz zur Beeinflussung des Vorverstärkers aus. Der Vorverstärker speist die Steuerwicklung der Regeldrosseln, deren Impedanz so verstellt wird, daß sich die der Einstellung am Potentiometer entsprechende Ankerspannung ergibt. Durch das Einfügen einer der Belastung proportionalen Zusatzspannung (Compoundierung) läßt sich die eingestellte Drehzahl auch bei wachsendem Drehmoment annähernd konstant halten (Abb. 7). Die dünnen Linien zeigen den Drehzahlverlauf eines Motors an einem Netz konstanter Spannung, die starken Linien bei Anschluß an ein Gerät mit Compoundierung. Die Erregerwicklung des Motors wird von einem im Gerät eingebauten Gleichrichter gespeist. Abbildung 8 zeigt die Arbeitsweise eines einphasigen Verstärkers. Er besteht aus zwei Drosseln mit je zwei Wicklungen, den Steuer- und Arbeitswicklungen. Durch den Steuerstrom wird die Induktivität der Drossel geändert und dadurch die vom Magnetverstärker abgegebene Spannung beeinflußt. Den Zusammenhang zwischen Steuerstrom und Lastspannung zeigt die $U_L - J_{ST}$ Kennlinie.

d) Die elektronischen Regelgeräte (gittergesteuerte Gleichrichter, z.B. Thyratronröhren) weisen in gleichem Maße die Vorteile auf, die auch ein Magnetverstärker besitzt. Da sie praktisch trägheits- und leistungslos arbeiten, werden sie wegen ihrer schnellen Steuerwirkung vorzugsweise dort eingesetzt, wo hohe Anforderungen an die Regelgeschwindigkeiten

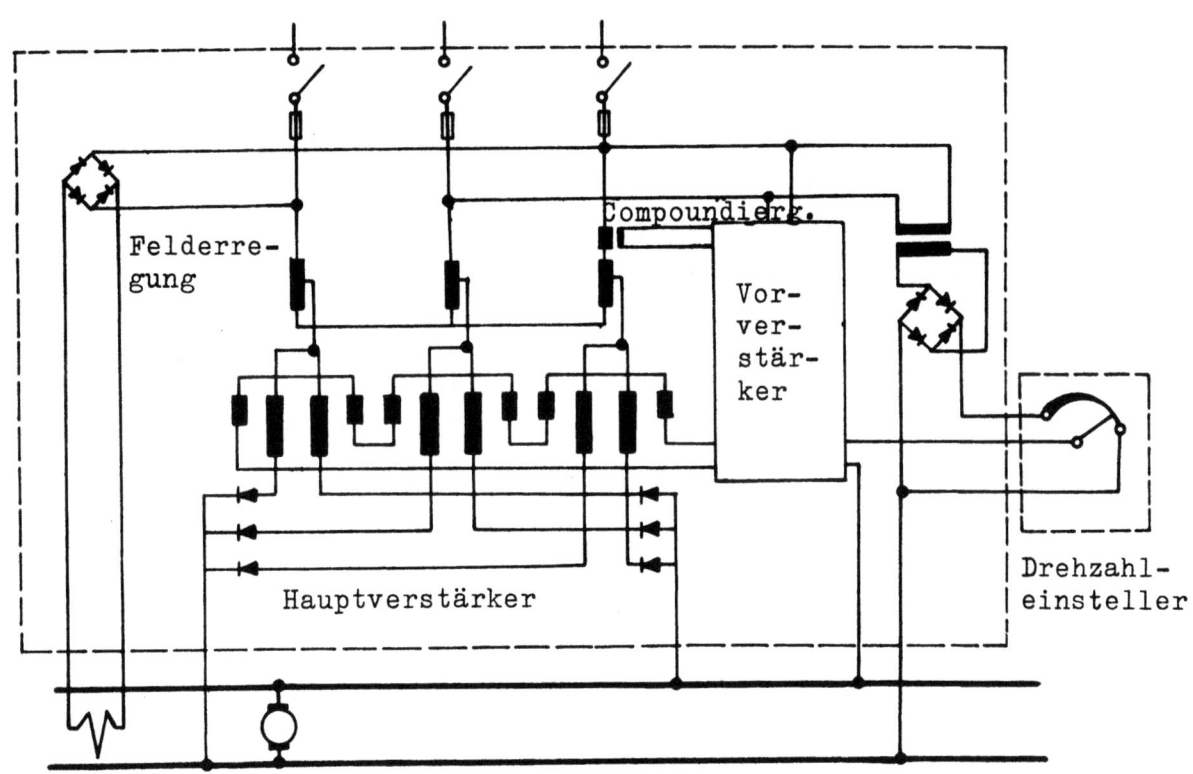

Abbildung 6
Grundschaltung eines dreiphasigen magnetischen
Regelaggregates

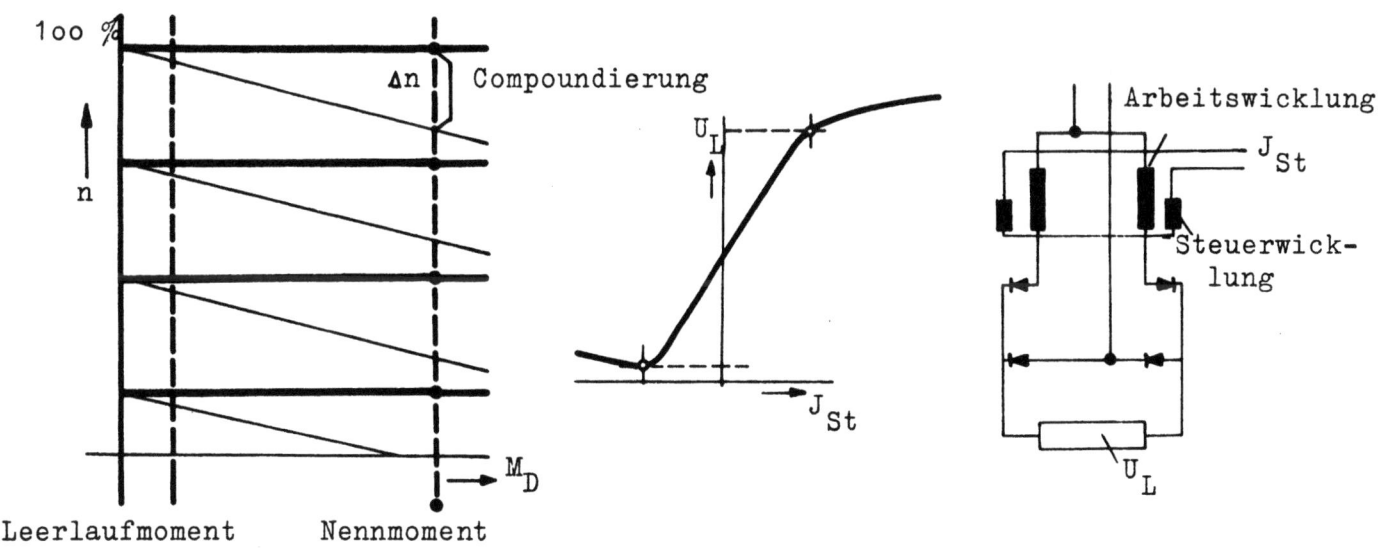

Abbildung 7
Drehzahlkennlinien bei
Compoundierung

Abbildung 8
Grundschaltung eines ein-
phasigen magnetischen
Regelaggregates

gestellt werden. Außerdem erlauben diese Gleichrichter eine Energieumkehr ins Netz, was mit Magnetverstärkern nicht möglich ist.

Abbildung 9 zeigt die Prinzipschaltung einer elektronischen Motorregelung (6). Über den Transformator T_r wird die Wechselspannung dem Netz entnommen und einmal den Thyratronröhren T_1 und T_2 zur Speisung des Ankers, andererseits den Gleichrichterröhren G_1 und G_2 zur Speisung des Feldes zugeführt. Um den Zündeinsatzwinkel für die Thyratrons zu variieren (Beaufschlagung des Gitters und damit Steuerung der Größe der Gleichspannung bzw. des Gleichstromes), wird eine Phasenbrücke, bestehend aus dem Widerstand R_1 und einer verstellbaren Induktivität verwendet, die eine phasenverschobene Gitterwechselspannung erzeugt. In der Schaltung ist ferner eine Einrichtung zur lastunabhängigen Konstanthaltung der Drehzahl vorgesehen. Dem Feldgleichrichter wird eine Bezugsspannung (Sollwert) entnommen, die mittels Potentiometer P auf eine beliebige Größe eingestellt werden kann. Mit der Motorachse ist nun ein kleiner Tacho-Dynamo gekoppelt, der eine der jeweiligen Drehzahl proportionale Gleichspannung (Istwert) liefert. Die Gleichspannung wird mit der Bezugsspannung verglichen und die Differenz dem Gleichstromverstärker zugeführt, der seinerseits diese Spannung in eine entsprechende Änderung des durch die Gleichstromentwicklung der regelbaren Drossel L fließenden Vermagnetisierungsstromes umsetzt. Über die Phasenbrücke werden dann die Gitter der Thyratron-Röhren mehr oder weniger beaufschlagt, bis der Motor die am Potentiometer P eingestellte Drehzahl wieder erreicht hat.

Der wesentliche Fortschritt, der sich nun durch zweckentsprechenden Einsatz der oben gekennzeichneten hochwertigen Verstärkerelemente für Antriebsaufgaben ergibt, ist die Möglichkeit, mit mehr oder weniger Aufwand statt der "Steuerung" eine "Regelschaltung" einzusetzen. Damit wird unabhängig von Belastungsschwankungen eine gewisse Drehzahlkonstanz erreicht und der Abfall, der sich sonst besonders stark bei unteren Drehzahlen auswirkt, kompensiert. Neben der Erweiterung des Drehzahlbereiches ergibt sich auch eine Verbesserung des dynamischen Verhaltens.

In Abbildung 1o sind die verschiedenen Antriebsformen in zusammengefaßter Darstellung (7) noch einmal aufgeführt.

Die gegebene Übersicht über die drehzahlverstellbaren Antriebe läßt eine Fülle von Steuer- und Regelmöglichkeiten erkennen. Für den Einsatz solcher

Forschungsberichte des Wirtschafts- und Verkehrsministeriums Nordrhein-Westfalen

Nr.	Schaltungsart	Motorleistung N in kW	Feldspeisung	Ankerspeisung	Verstellkennlinien M ——— N - - - -	Verstellbereich	Drehzahlabfall bei Vollast i. % d. Nenndrehzahl	Gewichtsfaktor (I=Asynchron-Kurzschlußmotor)	Kostenfaktor	Raumfaktor
1	Gleichstrom-Nebenschluß-Motor mit Feldänderung bei Gleichstrom-Netz	0,1 - 30	einstellbar über Vorwiderstand	konstant aus vorhandenem Gleichstrom-Netz		1 : 3	10 - 20 %	2,0-3,2	2,9-4,0	1,2-1,6
2	Leonard-Schaltung ohne Feldänderung	0,1 - 30 *	konstant von Hilfsgenerator	einstellbar über Generatorfeld		1 : 10	10 - 20 %	3,2-6,5	3,8-7,5	2,5-4,5
3	Leonard-Schaltung mit Feldänderung	0,1 - 30 *	einstellbar über Vorwiderstand	einstellbar über Verstell-Generator		1 : 30	10 - 20 %	3,5-7,0	4,1-8,2	2,8-5,0
4	Stromrichter-Antrieb mit einstellbarer Feld- und konstanter Ankerspannung	0,1 - 8	einstellbar über Vorwiderstand	konstant über Selen-Gleichrichter		1 : 3	10 - 20 %	2,8-4,5	3,2-5,4	1,8-3,2
5	Stromrichter-Antrieb mit Verstell-Trafo	0,1 - 8	konstant ü. Selen-Gleichrichter	einstellbar über Verstell-Trafo und Selen-Gleichrichter		1 : 10	10 - 20 %	3,2-4,8	3,4-5,8	2,0-3,4
6	Stromrichter-Antrieb mit Verstell-Trafo u. einstellb. Feld- und Ankerspannung	0,1 - 8	einstellbar ü. Verstell-Trafo u. Selen-Gleichrichter			1 : 30	10 - 20 %	3,5-5,2	3,6-6,1	2,2-3,8
7	Stromrichter-Antrieb mit vormagnetisierten Drosseln zur Feldspeisung	bis ca.30	einstellbar ü. Drosseln mit Tachometer-Spannungs-Komp.	konstant aus Gleichstr.-Netz oder ü. Selen-Gleichrichter		1 : 3	4 - 10 %	3,6-5,7	3,9-7,5	2,0-3,6
8	Stromrichter-Antrieb mit vormagnetisierten Drosseln und I.R.-Kompensation	0,5 - 2	konstant über Selen-Gleichrichter	einstellbar üb. Drosseln, Selen-Gleichrichter u. I.-R.-Kompensation		1 : 20	2 - 10 %	3,2-5,2	3,6-7,0	2,5-3,7
9	Stromrichter-Antrieb mit vormagnetisierten Drosseln u. Tachometer-Spannungs-Kompensation	0,1 - 2		einstellbar ü. Drosseln, Selen-Gleichr.- u. Tachom.-Spann.-Kompens.		1 : 100	bis 2 %	3,6-4,2	3,8-6,8	2,6-3,8
10	Stromrichter-Antrieb mit Thyratrons	1 - 30 **	konstant ü. Selen-Gleichrichter	einstellbar ü. Thyratrons mit I.R.-Kompens. u. Strombegrenzung		1 : 50	bis 2 %	3,5-5,2	6,0-12	3,8-6,5
11	Stromrichter-Antrieb mit Thyratrons u. vormagnetis. Drosseln z. Feldspeisung	1 - 30 **	einstellbar ü. vormagnetis. Drosseln in Konstantstromschaltung			1 : 150	bis 2 %	3,8-7,0	7,5-15	3,9-8,5

* beschränkt auf Vergleichswerte, Leistungen an sich höher ausführbar.

** bei größeren Leistungen können Quecksilberdampf-Gleichrichter zur Anwendung kommen.

A b b i l d u n g   10

Antriebe an neuen Drehbänken

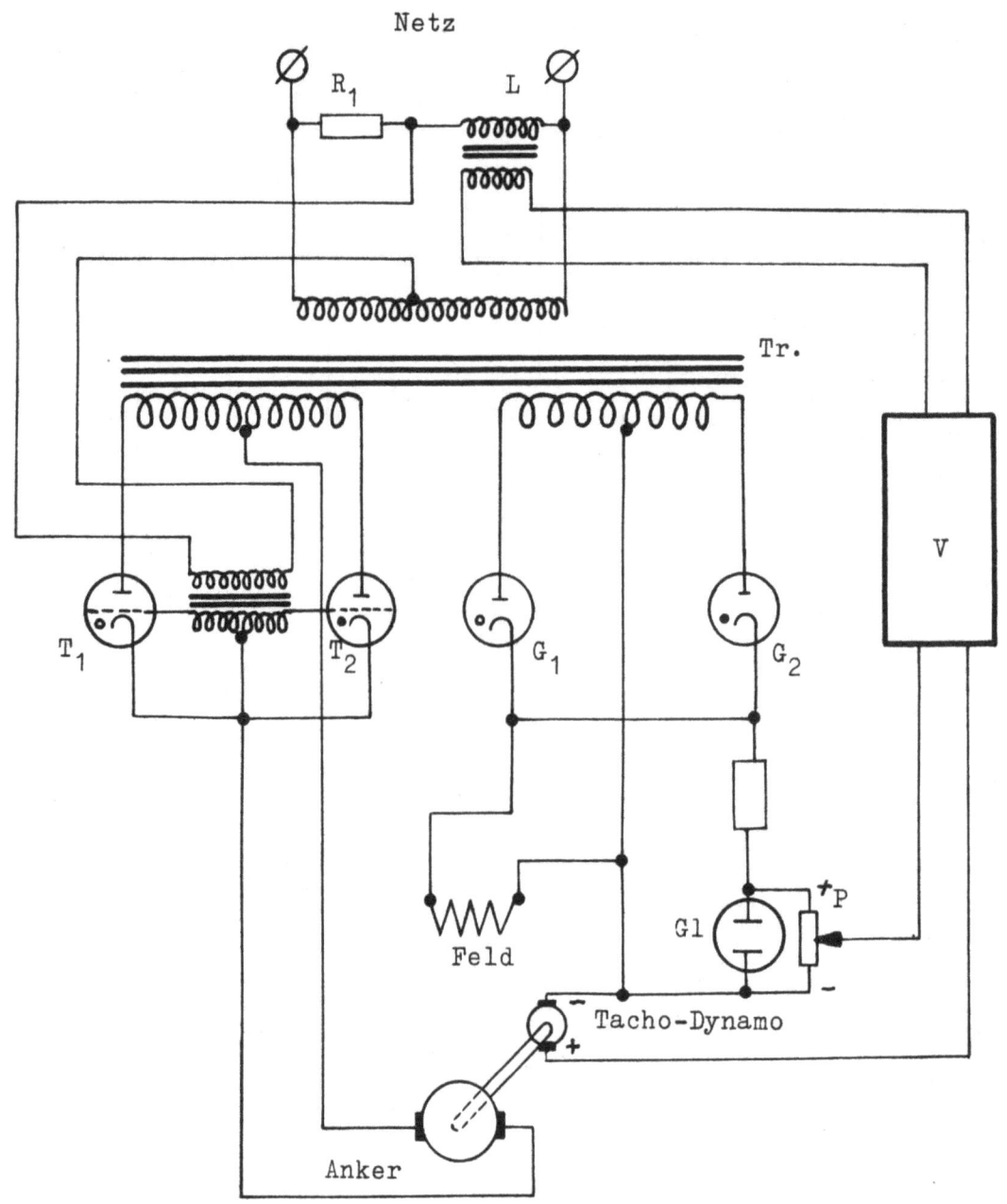

Abbildung 9

Grundschaltung eines elektronischen Regelaggregates

Antriebe ist es von größter Wichtigkeit, zunächst einmal die Leistungs- und Drehmoment-, sowie Drehzahlkennlinien der in Frage kommenden Werkzeugmaschinen zu klären. Aus der Tatsache, daß als Kraftquelle fast ausschließlich der Elektromotor in Frage kommt, und an der Arbeitsstelle stets ein mechanisches Mittel angeordnet ist, ergeben sich für die Zwischenstufen der Werkzeugmaschinensteuerung für Energieübertragung, Umlenkung, zeitliche Begrenzung und Reihenfolge der Schalt- und Verstellvorgänge viele

Möglichkeiten der Kombination von Elektrik, Hydraulik und Mechanik. Die Aufgabe muß daher sein, unter Berücksichtigung der Wirtschaftlichkeit, Maschine und Antrieb einander gut anzupassen, und bei vernünftigem Aufwand von Steuerungs- und Regelungselementen die günstigsten Kombinationen herauszufinden.

VI. Untersuchung der Antriebsverhältnisse an einem Drehautomaten

Es ist bekannt, daß Steuer- und Regelvorgänge an Maschinen entscheidend von den trägen Massen der beweglichen Teile beeinflußt werden. Sie müssen bei Hochlaufvorgängen ständig beschleunigt werden und speichern dabei kinetische Energie, die bei den Bremsvorgängen vergeudet wird. Das bedeutet, daß die Maschinen bei Steuer- und Regelvorgängen einer gewünschten Änderung ein retardierendes Moment entgegensetzen. Das Maß für ein derartiges Beharrungsvermögen ist bei rotierenden Massen physikalisch das Trägheitsmoment $\boxed{H}$:

$$\boxed{H} = \int r^2 \, dm$$

In den technischen Einheiten ist stattdessen das sog. Schwungmoment GD^2 gebräuchlich:

$$GD^2 = 4g \cdot \boxed{H}$$
$$\boxed{H} = \frac{G}{g} \left(\frac{D}{2}\right)^2 = m \cdot r_t^2$$

Das GD^2 ist somit eine Größe, die gebildet wird aus dem Produkt des Gewichtes rotierender Körper und dem Quadrat des Trägheitsdurchmessers. Dieser Trägheitsdurchmesser ist nun eine rein mathematische Größe. Seine Lage ist bei Rotationskörpern aus homogenem Material durch die geometrische Form des Querschnittes bestimmt. So ist also das GD^2 eine Körperkonstante, die bei gleichen Materialien rein geometrisch bestimmt ist.

Das Beharrungsvermögen (Schwungmoment) wirkt sich nur aus, wenn eine Änderung des Bewegungszustandes, d.h. eine Beschleunigung erfolgt.

Für Transversalbewegungen gilt dabei:

$$K = m \cdot b$$

Und das Grundgesetz für Rotationsbewegungen entsprechend:

$$M_d = \boxed{H} \cdot \beta$$

wobei β die Winkelbeschleunigung bedeutet.

Forschungsberichte des Wirtschafts- und Verkehrsministeriums Nordrhein Westfalen

Nun ist in den bewegten Teilen einer Maschine diese Winkelbeschleunigung nicht überall gleich, sondern richtet sich nach der Drehgeschwindigkeit der einzelnen Wellen. Die Addition oder ein Vergleich von Schwungmomenten rotierender Teile setzt daher gleiche Drehzahlen voraus. Stimmen diese nicht überein, können über den Energiesatz gemeinsame Beziehungen gefunden werden, indem man die jeweiligen Beschleunigungsarbeiten addiert, die ohne Reibung notwendig wären, einen Bewegungszustand einzuleiten. Diese Beschleunigungsarbeiten wären nämlich im reibungslosen Zustand der bewegten Elemente allein zur Deckung der kinetischen Energie notwendig und deshalb diesen gleich zu setzen.

$$E_{kin} = \frac{1}{2} \, \textcircled{H} \, \omega^2$$

$$= \frac{1}{2} \, \frac{GD^2}{4g} \left(\frac{2\pi}{60}\right)^2 n^2$$

$$E_{kin} = C \cdot GD^2 \cdot n^2$$

Denkt man sich für das GD_1^2 als Träger der kinetischen Energie E_{kin_1} einer mit der Drehzahl n_1 umlaufenden Welle ein fiktives Schwungmoment GD_2^2, das bei einer anderen Drehzahl n_2 die gleiche kinetische Energie besäße, so kommt man zu einer einfachen Beziehungsgleichung für Schwungmomente bei verschiedenen Drehzahlen:

$$E_{kin_2} = E_{kin_1}$$

$$c \cdot GD_2^{2'} n_2^2 = c \cdot GD_1^2 \cdot n_1^2$$

$$GD_2^{2'} = GD_1^2 \cdot \frac{n_1^2}{n_2^2}$$

$$GD_2^{2'} = GD_1^2 \cdot ü^2$$

Addiert man nun dieses fiktive Schwungmoment zum Eigenschwungmoment der Welle 2, so erhält man das (fiktive) Gesamtschwungmoment zweier Wellen, bezogen auf die Welle 2.

$$GD_{2ges}^{2'} = GD_2^2 + GD_2^{2'}$$

Forschungsberichte des Wirtschafts- und Verkehrsministeriums Nordrhein Westfalen

Da der Antrieb einer Maschine die kinetische Energie für sämtliche bewegten Teile aufzubringen hat, werden die einzelnen Schwungmomente meist auf die Drehzahl der Antriebswelle bezogen. Durch Addition erhält man dann das "bezogene Schwungmoment" der gesamten Maschine. Auf die Motordrehzahl bezogen, wird es als "Fremdschwungmoment" des Motors bezeichnet.

Sind in einer Maschine neben rotierenden Teilen auch geradlinig bewegte Elemente vorhanden, so läßt sich für diese mit den gleichen Überlegungen ebenfalls ein fiktives Schwungmoment, bezogen auf die Antriebswelle, bestimmen.

$$\frac{1}{2} \Theta' \omega^2 = \frac{1}{2} m v^2$$

$$\frac{1}{2} \frac{GD^{2'}}{4g} \frac{4\pi^2}{60^2} n^2 = \frac{1}{2} \frac{G}{g} v^2$$

$$GD^{2'} = 365 G \frac{v^2}{n^2} \quad [kgm^2] \quad \begin{array}{l} n\ [min^{-1}] \\ G\ [kg] \\ v\ [m/s] \end{array}$$

Das "bezogene Schwungmoment" GD^2 einer gesamten Maschine ist also eine fiktive Rechengröße, die, im Gegensatz zu den Einzelschwungmomenten, keine reine Körperkonstante mehr ist.

Weil es vielmehr auch das Geschwindigkeitsverhältnis $Ü^2$ der Einzelschwungmomente enthält; würde es allenfalls zu einer Maschinenkonstanten, falls immer die gleichen Teile im gleichen Geschwindigkeitsverhältnis bewegt werden.

Für Werkzeugmaschinen trifft das aber nur in seltenen Fällen zu. Meist sind diese mit Stufengetrieben ausgerüstet, die bei gleichen Antriebsdrehzahlen eine Reihe von Abtriebsdrehzahlen der Spindel ermöglichen. Darüber hinaus werden an dieser Spindel verschiedenartige Spannmittel und vor allem mannigfaltige Werkstücke befestigt. Damit erhält man ebenso viele mehr oder minder verschiedene GD^2 als Maschinenkonstanten wie Drehzahlstufen vorliegen, wobei jede einzelne wieder mit den Werkstücken und den zugehörigen Spannmitteln variiert.

Für die Auslegung des Antriebes ist die Kenntnis der zu erwartenden "Fremdschwungmomente" aber notwendig, wenn häufige Drehzahländerungen vorgenommen werden müssen. Der Motor muß jeweils die Beschleunigungsarbeiten ausführen und gegebenenfalls auch die gespeicherten kinetischen Energien abbremsen.

In früheren Zeiten waren diese Probleme unbedeutend. Die Spindeln der Maschinen liefen langsamer. Da das <u>bezogene</u> Schwungmoment mit dem Quadrat der Untersetzung abnimmt, war das "Fremdschwungmoment" des Motors in solchen Fällen klein gegenüber dem Eigenschwungmoment des hochtourigen Elektromotors. Zugleich dauert die Bearbeitung länger, d.h. die Hauptzeiten waren größer, das Umsteuern erfolgte seltener.

Da andererseits auch die rechnerische Ermittlung des bezogenen Schwungmomentes bei der Vielzahl der Zahnräder, Kupplungen, Wellen und deren komplizierten Querschnittsformen recht umständlich und praktisch nur näherungsweise möglich ist, wurde darauf verzichtet. Die damals geringe Bedeutung des Problems hätte den Aufwand nicht gerechtfertigt.

Außerdem erfordern derartige Berechnungen größte Sorgfalt. Ermittelt man nämlich auch das Gewicht $G = \gamma \cdot V$ rechnerisch, so ist das GD^2 von der 5. Potenz der Abmessung abhängig. Dabei geht die Ausdehnung b in Achsrichtung über das Volumen linear ein, während die Durchmesser-Ausdehnung sowohl über das Volumen als auch über den Trägheitsdurchmesser jeweils quadratisch, also mit der 4. Potenz eingeht.

Werden nun z.B. Zahnräder durch Zylinderringe angenähert, so gehen kleine Differenzen bereits mit der 4. Potenz in die Rechnung ein, ganz abgesehen von Hohlräumen bei Kupplungen und Spannmitteln.

$$GD^2 = \frac{1}{8} \pi \gamma b (d_a^4 - d_i^4)$$

Damit wird eine Berechnung der GD^2 bei aller Sorgfalt doch mehr oder weniger ungenau.

Mit der Einführung des Hartmetalles stiegen aber die Schnittgeschwindigkeiten. Teilweise sollen heute gleitende Drehzahlen die Anwendung der optimalen Schnittgeschwindigkeit für jeden Bearbeitungsfall erlauben. Die Hauptzeiten werden immer kürzer und Steuervorgänge häufiger nötig, wobei moderne Steuereinrichtungen die Nebenzeiten verkürzen sollen, denn mit sinkenden Hauptzeiten ist auch deren Bedeutung gestiegen.

Weniger beachtet blieben dagegen die Einflüsse des bezogenen Schwungmomentes, das mit dem Quadrat der Schnittgeschwindigkeiten (Drehzahlen) ange-

Forschungsberichte des Wirtschafts- und Verkehrsministeriums Nordrhein Westfalen

stiegen war und damit nicht mehr unbedeutend blieb gegenüber den Eigenschwungmomenten der Motoren. Da früher auf die rechnerische Ermittlung verzichtet worden war, konnte die Entwicklung auch nicht verfolgt werden, und es werden die Auswirkungen erst in Extremfällen augenscheinlich. Eine Klärung dieser Frage ist aber für die moderne Antriebstechnik unerläßlich.

Darüber hinaus war aber noch zu untersuchen, ob und wie weit andere Faktoren zusammen mit dem Schwungmoment dessen Rückwirkungen auf den Antrieb beeinflussen. Derartige Zusammenhänge müssen durch meßtechnische Untersuchungen der dynamischen Vorgänge an gesteuerten Werkzeugmaschinen verfolgt werden, denn die bisher fast ausschließlich durchgeführten Messungen allein der stationären Zustände an Werkzeugmaschinen geben für Steuer- und Regelvorgänge kaum genügende Auskünfte. Die kurzzeitigen dynamischen Vorgänge sind hierbei von entscheidender Bedeutung.

Die Messung nichtperiodischer, kurzseitiger Vorgänge geschieht üblicherweise mit Schleifenoszillographen. Mechanische Größen sind dabei in eine elektrische Form zu wandeln und werden als solche von Meßschleifen mit schnell beweglichen Spiegeln durch Lichtzeiger-Auslenkungen angezeigt. Lichtempfindliches Papier, das mit konstanter Geschwindigkeit vorbeigezogen wird, hält dann den zeitlichen Verlauf fest.

Hat man nun aber, wie an einer Werkzeugmaschine, eine größere Anzahl gleichzeitiger Messungen vorzunehmen, so wird das Gelingen derartiger Aufnahmen erst bekannt, nachdem die Oszillogramme entwickelt worden sind. Darüber hinaus zwingt die große Empfindlichkeit derartiger Meßschleifen bei unbekanntem Verlauf zu einem vorsichtigen Herantasten an die optimale Auflösung, damit nicht durch hohe Spitzen die Meßwerke zerstört werden.

Es war nun geplant, derartige Messungen auch in den Fertigungsbetrieben durchzuführen, um dort den tatsächlichen Einsatz der Werkzeugmaschinen zu studieren. Damit hätten sich aber bei dem hohen Aufwand derartiger Messungen recht schwierige Verhältnisse ergeben, denn nicht immer kann damit gerechnet werden, daß in den Fertigungsbetrieben eine Dunkelkammer direkt verfügbar ist.

Bei der Firma Hartmann & Braun war jedoch ein Lichtpunktlinienschreiber entwickelt worden, der bei langsamer verlaufenden Vorgängen sofort sichtbare Schrift liefert. Schneller verlaufende Vorgänge treten am Tageslicht etwas später von selbst hervor. Leider war dieser Lichtpunktlinienschreiber bisher nur für die Aufschreibung eines einzigen Vorganges im Handel.

Forschungsberichte des Wirtschafts- und Verkehrsministeriums Nordrhein Westfalen

Es ist deshalb mit den dazugehörigen Bauelementen ein Lichtpunktlinienschreiber geschaffen worden, der die gleichzeitige Aufschreibung von 6 Vorgängen gestattet.

Hierbei waren recht schwierige optische Bedingungen zu erfüllen, denn das Verfahren beruht auf einer direkten Umsetzung (Verbrennung) der lichtempfindlichen Schicht. Dazu ist ein möglichst starker Lichtstrom von möglichst kurzwelliger Strahlung nötig. Als Lichtquelle dient deshalb eine Quecksilber-Hochdrucklampe, die einen großen Anteil ultra-violetter Strahlung abgibt. Da nun Glasoptiken U V- Licht absorbieren, lassen sich keine Linsen zur Bildung und Führung des Strahlenganges verwenden. Man ist praktisch auf Spiegeloptiken beschränkt und hat lediglich versucht, dem Quarzkolben der Lampe angenähert einige Kondensoreigenschaften zu geben. Der Hohlspiegel, durch den der eigentliche Lichtpunkt geschaffen wird, ist am Meßwerk selbst befestigt. Mit diesen Hohlspiegeln waren damit gleiche Strahlengänge für alle 6 Meßwerke vorgegeben. Andererseits zwang die begrenzte Lebensdauer der recht kostbaren Quecksilber-Hochdrucklampe dazu, mit einer einzigen Lichtquelle auszukommen. Die gefundene Lösung in Form von günstigen Kompromissen gestattete aber schließlich einen Aufbau, der allen Anforderungen genügte und dabei auch eine übersichtliche Anordnung der Meßwerke ermöglichte.

Abbildung 11 läßt deutlich 5 zwei-polige Eingänge erkennen. Darunter liegt ein vier-poliger Eingang zu einem dynamometrischen Meßwerk, das unter gewissen Bedingungen die Aufnahme von Leistungsmessungen erlaubt. Mit den Drehknöpfen lassen sich die Nullpunkte sämtlicher Meßwerke in beiden Koordinaten verschieben. Durch eine Walze wird das Papier von einem Synchronmotor über ein Getriebe mit konstanter Geschwindigkeit vortransportiert.

Als Beispiel für die Messung der dynamischen Steuervorgänge mit diesem Sechsfach-Lichtpunktlinienschreiber seien die Oszillogramme eines Einspindel-Drehautomaten angeführt. Das seit vielen Jahren bewährte Fabrikat ist mit einer rein mechanischen Steuerung ausgerüstet (Abb. 12).

Die vorliegenden mechanischen Bewegungsgrößen mußten zur meßtechnischen Erfassung in elektrische Größen umgewandelt werden. Dazu wurde an dem Antrieb für die Steuerwellen, sowie am rückwärtigen Ende der Spindel je ein Tachodynamo angebracht. Weiterhin ist an der am häufigsten benutzten Klauenkupplung K_3 für den Revolverkopf ein Kontaktsatz befestigt worden. Die Vor-

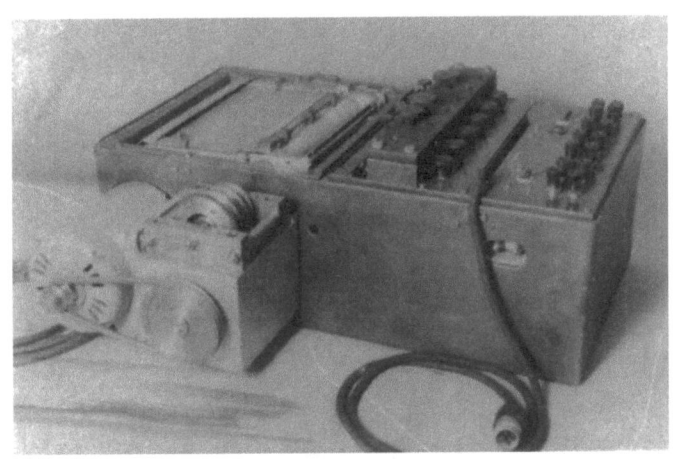

Abbildung 11
Sechsfach-Lichtpunktlinienschreiber

schubbewegung des Revolverkopfes wurde über einen Schnurzug zu einem Potentiometer geleitet.

Abbildung 13 zeigt die oszillographische Aufnahme des 1. und 2. Fertigungsabschnittes einer Ventilspindel. Im ersten Diagramm sind die beiden Drehbewegungen eingetragen. Die obere Linie gibt die Spannung des relativ langsam laufenden Tachodynamos an der Hilfssteuerwelle wieder. Durch eine leicht exzentrische Anordnung des Tachodynamos wurde ein welliger Spannungsverlauf erreicht, aus dem sich Umdrehungsmarken für die Auswertung ergaben. Nach unten abgetragen ist die Drehgeschwindigkeit der Spindel. Darunter liegt die Aufzeichnung des Drehstromes einer Phase. Sie wurde im weiteren Verlauf nur noch in den Amplituden angedeutet. Das nächste Diagramm enthält die interessantesten Kurven, d.h. die Leistungsaufnahmen des Motors, gemessen in einer Phase. Und zwar gibt die obere die Leistungsaufnahme beim Zerspanen von Material wieder, während die darunterliegende Grenzkurve der schraffierten Fläche die Leistungsaufnahme eines Versuches im Leerlauf enthält. Darunter ist die Bewegung des Revolverkopfes aufgezeichnet. Schließlich folgen die Umdrehungsmarken der Kupplung 3. Ganz unten ist der jeweilige Fertigungsabschnitt dargestellt.

Der erste Arbeitsgang ist der Materialvorschub bis zum Anschlag an das Begrenzungswerkzeug des Revolverkopfes. Die erste Kupplungsmarke zeigt, daß die Kupplung des Revolverkopfes faßt. Sofort tritt eine Leistungsspitze auf, die zur Entriegelung und zur Beschleunigung des Revolverkopfes gehört,

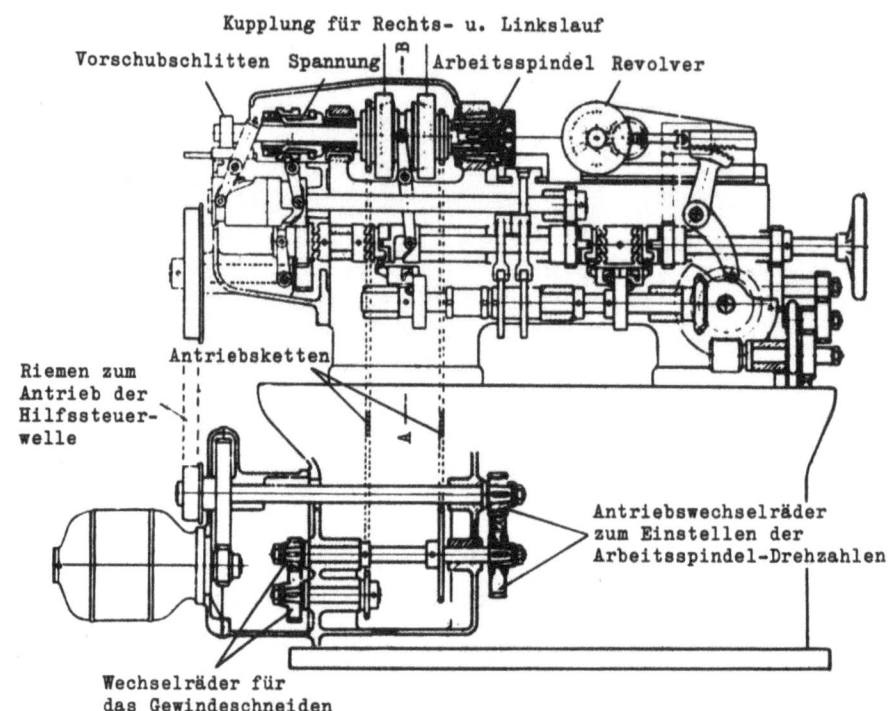

A b b i l d u n g 12
Antriebsschema eines Revolver-Automaten

wodurch der Anschlag in seine Arbeitsstellung gebracht wird. Kurz bevor die Kupplung wieder ausklinkt, tritt eine weitere Leistungsspitze auf, die auf das Verriegeln des Revolverkopfes zurückzuführen ist. Dann fallen zwei ausgeprägte Spitzen auf. Es handelt sich um das Nachgreifen des Vorschubrohres und um den Materialvorschub, sowie das Anziehen der Spannzange. Gleichzeitig ist oben in der Drehzahlkennlinie der Spindel eine Welligkeit in der Spannung des Tachodynamos sichtbar. Sie ist darauf zurückzuführen, daß der Tachodynamo beim Materialvorschub Transversalbeschleunigungen erlitten hatte und dabei in seiner Befestigung leicht ins Schwingen geraten war. Dann greift sofort wieder die Revolverkupplung, die den ersten Drehmeißel in Arbeitsstellung bringt, und es beginnt das Drehen des Zapfens. Dieser 2. Fertigungsabschnitt setzt sich in Abbildung 14 fort.

Besonders interessant werden diese Aufnahmen jedoch im Vergleich mit der Leistungsaufnahme, die im Leerlauf gemessen wurde. Dieser Vergleich beweist einmal, wie weit die aufgenommenen Meßergebnisse reproduzierbar sind und gibt außerdem besonders anschauliche Aufschlüsse. Während der erste Teil der Abbildung 13 praktisch gleich geblieben ist, fällt im weiteren Verlauf eine erhebliche Flächendifferenz unter den Leistungskurven auf.

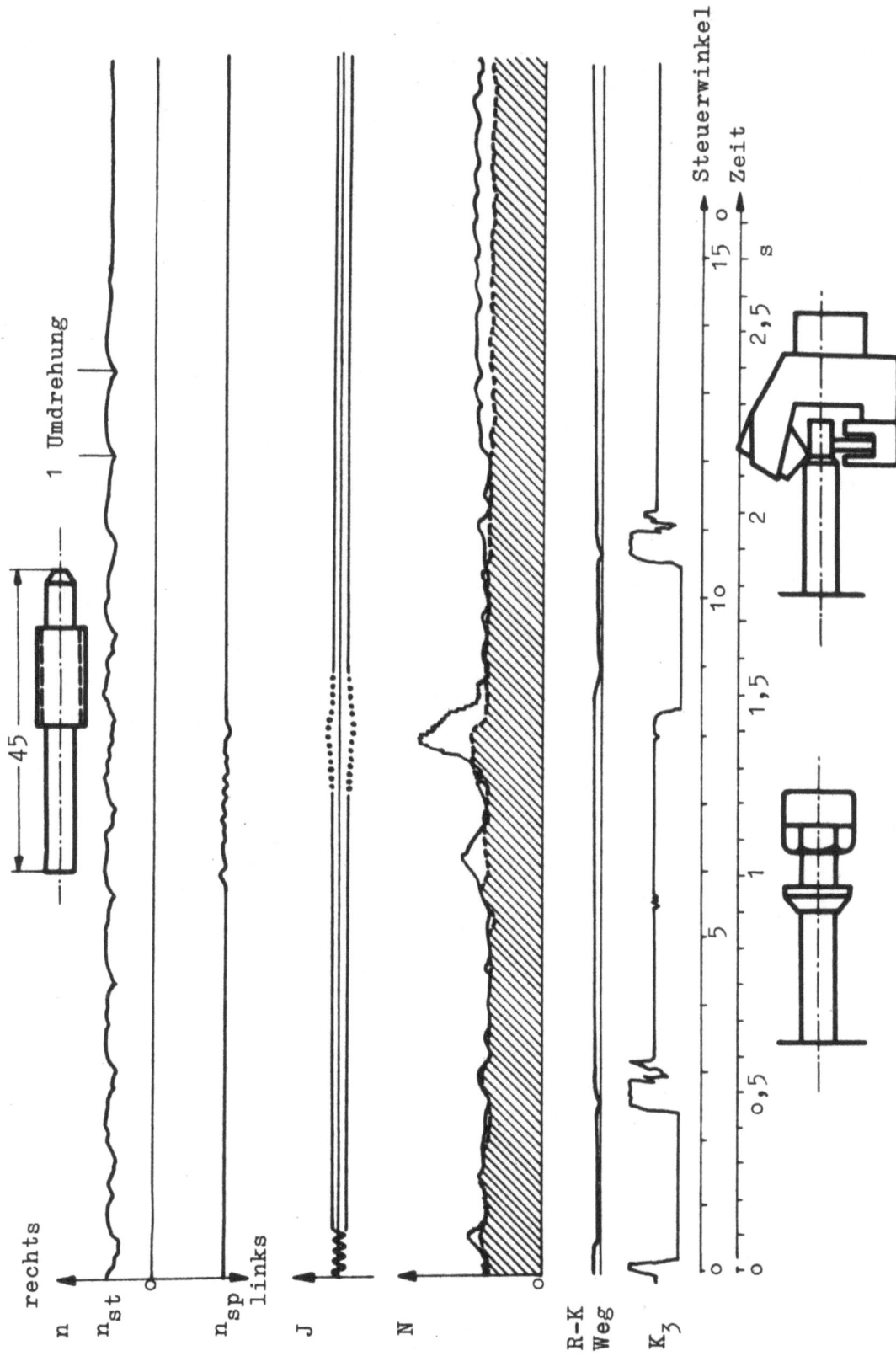

Abbildung 13

Dynamisches Steuerverhalten eines Drehautomaten I

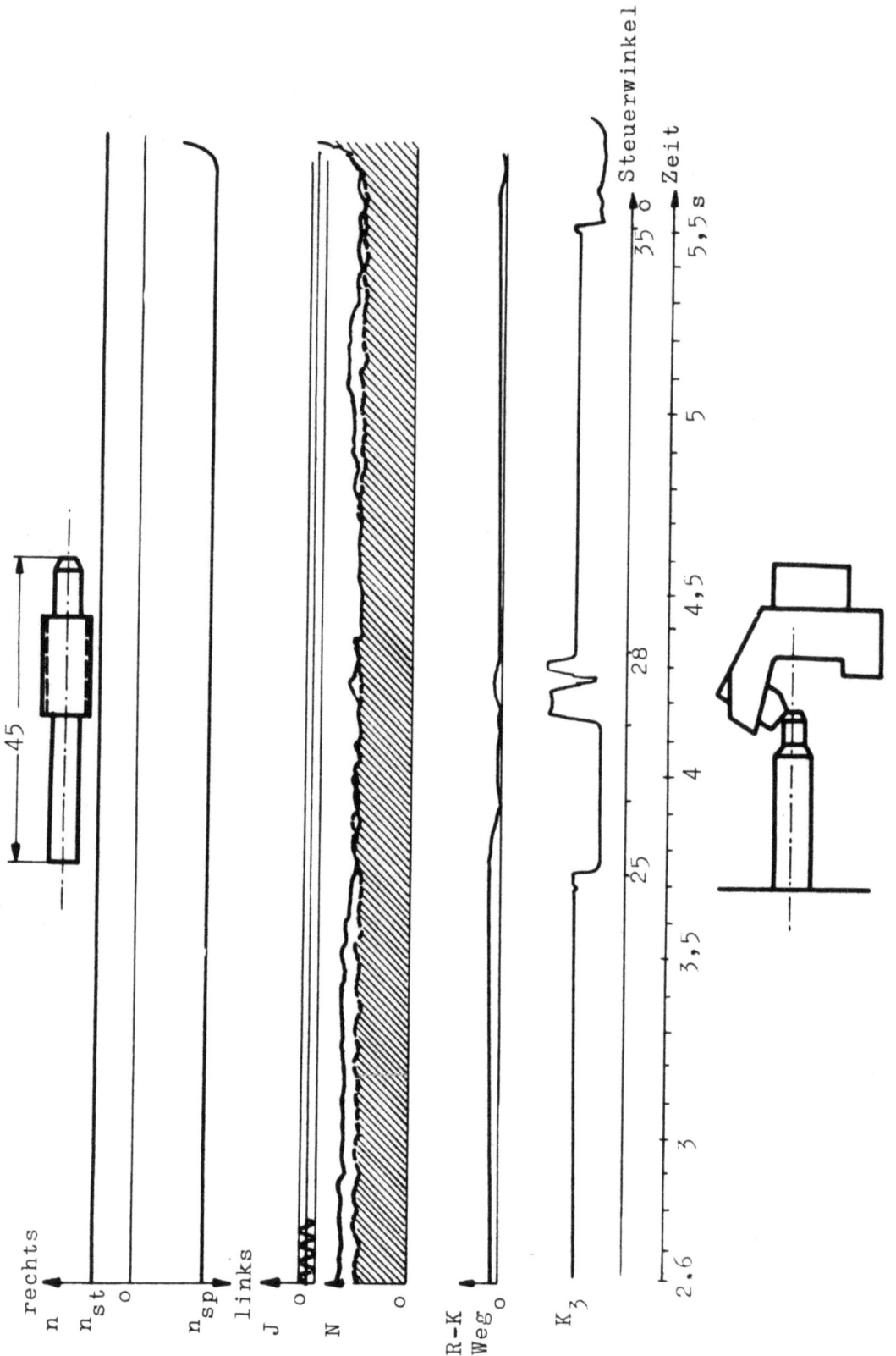

Abbildung 14
Dynamisches Steuerverhalten eines Drehautomaten II

Forschungsberichte des Wirtschafts- und Verkehrsministeriums Nordrhein-Westfalen

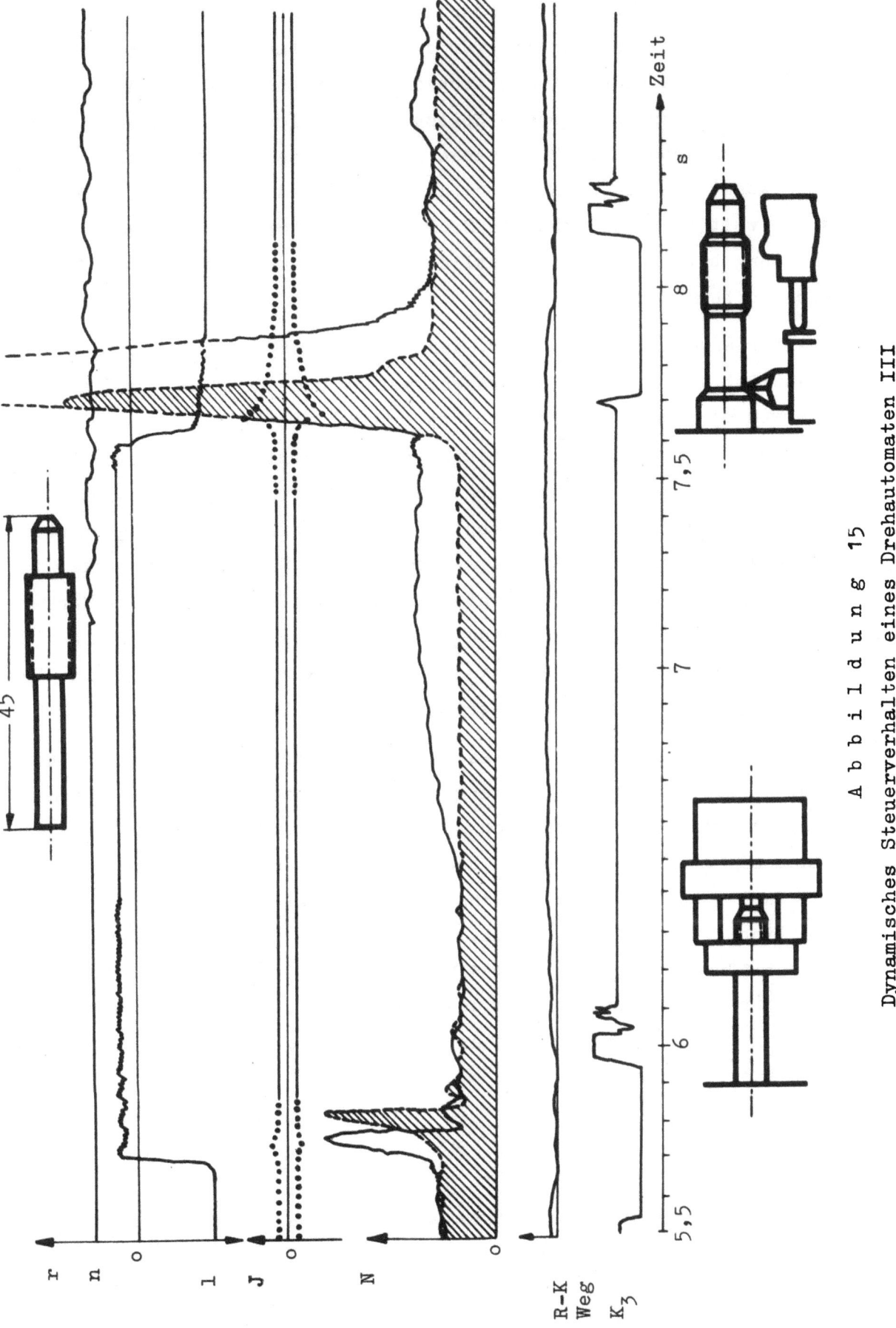

Abbildung 15

Dynamisches Steuerverhalten eines Drehautomaten III

Bei der ersten Spitze fehlt die zusätzliche Reibung der Vorschubzange am Material. Das Material war nämlich für die Leerlaufmessung soweit zurückgeschoben worden, daß es nicht mehr von der Spannzange beim Nachgreifen festgehalten wurde. Für die zweite Spitze gilt analog das gleiche; außerdem fiel die Spannarbeit der Spannzange fort. Die seitliche Verschiebung der Spitzen kommt von der zufälligen Lage der Klauen im Augenblick des Kuppelns und weiterhin vom größeren Schlupf des Motors im Zustand stärkerer Belastung beim Zerspanen. Deutlich zu erkennen ist ferner der Anschnittvorgang beim Zapfendrehen.

Es wird weiter anschaulich sichtbar, daß von der aufgenommenen Leistung 75 % für Antrieb und Steuerung gebraucht werden und nur 25 % für die Zerspanung verwendet werden, falls nicht davon noch ein Teil durch erhöhte Reibungsverluste bei größerer Belastung verloren geht. Da der Motor mit fast der dreifachen Leistung ausgelegt ist, als hier abverlangt wird, ergibt sich dementsprechend ein schlechter $\cos \varphi$. Abbildung 15 zeigt praktisch die gleichen Verhältnisse. Hier ist allerdings der Schlupf nach links aufgetragen worden, weil an der rechten Kante besonders eindeutige Merkmale für gleiche Vorgänge aufgetreten waren. Dementsprechend sind die Spitzen wieder verschoben, allerdings jetzt nach der linken Seite hin. Beachtenswert ist auch der typische Verlauf beim Kegeldrehen.

Abbildung 15 zeigt jedoch die in diesem Rahmen interessantesten Verhältnisse, nämlich die der Umsteuervorgänge, äußerst anschaulich auf. Bei der Leistungsspitze wird die Spindel von 2400 Umdrehungen im Linkslauf gewendet, um dann mit 480 Umdrehungen im Rechtslauf das Gewindeschneiden zu ermöglichen. Dann gingen die ersten Gänge des Schneideisens in den Schnitt, und schließlich findet eine gleichmäßige Zerspanung beim Gewindeschneiden statt. Die Leistungsspitzen gehören eindeutig zu den Umsteuervorgängen. Hier werden direkt die Auswirkungen des Trägheitsmomentes oder - was letzthin dasselbe ist - des Schwungmomentes sichtbar. Die kinetische Energie von Rotationskörpern ist:

$$E_{kin} = \frac{1}{2} \Theta \omega^2$$

Das hieße aber, wenn nur das Schwungmoment für diese Spitzen verantwortlich wäre, daß beide Spitzen gleich sein müßten, denn der Energiesprung als Skalar ist von der Richtung unabhängig. Die Messung zeigt das aber nicht, folglich muß noch eine andere Größe an dieser Verschiebung beteiligt sein. Die Flächen unter diesen Leistungsspitzen stellen direkt die Umsteuerarbeiten dar, (Leistung x Zeit). Diese Umsteuerarbeit zerfällt bei dem vorliegenden Vorgang jeweils in zwei Teile: Bremsarbeit und Beschleunigungsarbeit. Die Bremsarbeit wird durch die Lagerreibungsverluste der Spindel noch unterstützt. Die Beschleunigungsarbeit wird dagegen von den gleichen Reibungsverlusten gehemmt. Die Spindel hat nun bei der ersten Umsteuerung einmal eine hohe Drehzahl und wird dann auf eine verhältnismäßig kleine Drehzahl in der anderen Richtung beschleunigt. Je höher die Drehzahl, um so größer sind aber die Spindelreibungsverluste. Beim Abbremsen von einer hohen Geschwindigkeit wirken natürlich diese Verluste auf dem größeren Teil des Weges unterstützend. Infolgedessen ist die erste Leistungsspitze klein geblieben. Entsprechend umgekehrt ist es beim zweiten Umsteuern. Hier fand die Unterstützung auf einem kleinen Teil des Weges statt und das entgegengerichtete Einwirken auf dem größeren Teil des Weges. Den gleichen Flächenbetrag unter der Leistungskurve, um den die 1. Umsteuerarbeit vermindert wurde, mußte der Antrieb beim 2. Umsteuern also mehr aufbringen. Dies galt natürlich für den Fall, in dem kein Material zerspant wurde. Im Falle des Gewindeschneidens trat dieser hemmende Einfluß noch wesentlich größer auf, da die Reibung des rücklaufenden Schneideisens noch hinzukam.

Diese Messung zeigt nun deutlich, wie wesentlich der Einfluß des Schwungmomentes ist. Sie zeigt aber auch, daß neben dem Schwungmoment noch die Reibungsverluste, und zwar sowohl die der umzusteuernden Maschinenteile als auch die eines im Gange befindlichen Zerspannungsvorganges, an den Auswirkungen beim Umsteuervorgang beteiligt sind. Obwohl der Antriebsmotor für die stationären Vorgänge stark überdimensioniert ist, wird er bei diesen Belastungsspitzen mehr als fünffach überbeansprucht. Dabei handelt es sich hierbei um eine Maschinenkonstruktion, die für den Umsteuervorgang extrem günstig gebaut ist. Da einzig und allein die Spindel mit dem Material am Umsteuervorgang beteiligt ist, liegt hier ein konstruktives Minimum an umzusteuernden Teilen vor. Demgegenüber übernimmt der gesamte übrige Antrieb, also Getriebe, Ketten und Motor die Rolle eines Ilgner-Schwungrades, das den Motor in seiner Leistung entlastet und die Arbeitsfläche auseinanderzieht. Das wird besonders beim zweiten Umsteuern aus der Messung sichtbar, da hier die Umsteuerenergie, die, wie die Drehzahlkurve zeigt, in ca. 55 ms gebraucht wurde, vom Motor über 300 ms verteilt aufgenommen wird.

Normalerweise sind die Umsteuerverhältnisse an Werkzeugmaschinen jedoch noch weit ungünstiger. Eine Drehbank mit Stufengetriebe z.B. kann nur im Stillstand geschaltet werden. Dazu muß das gesamte Getriebe stillgesetzt werden. Um den Motor wenigstens etwas zu entlasten, wird er dabei meist abgekuppelt und braucht daher nicht die Energie seines eigenen Schwungmomentes abzubremsen. Zum anderen bringt man auch häufig eine besondere Bremskupplung an, die statt des Motors das Abbremsen des auslaufenden Getriebes beschleunigt. Beide Maßnahmen bedeuten aber letzthin nur eine Beseitigung der ersten - kleinen - Leistungsspitze unserer Aufnahmen. Die zweite Leistungsspitze wird dagegen noch erheblich vergrößert, denn es müssen neben der Spindel einmal sämtliche drehenden Teile des Getriebes beschleunigt werden, außerdem wirken dieser Beschleunigung auch sämtliche Reibungsverluste der entsprechenden Getriebestufe entgegen. Weiterhin fallen auch die Ilgner-Schwungradeigenschaften des Getriebes fort, die ja zu einem Abbau der Spitzen bei gleichzeitiger Verlängerung des Beschleunigungsvorganges geführt hatten.

Noch ungünstiger wäre allerdings ein Umsteuervorgang, bei dem man den gesamten Antrieb und den Motor stillsetzen müßte. Der Motor hätte außer der Maschine auch sich selbst noch zu beschleunigen. Es hat sich aber gezeigt, daß das Motorschwungmoment bei den heutigen modernen Maschinen wesentlich kleiner ist, als das (bezogene) Fremdschwungmoment der Maschine selbst. Da auch die Lagerreibung des Motors relativ gering ist, werden also die damit erzielten Verbesserungen an derartigen Maschinen durchaus nicht mehr wesentlich. Ein Abbau der Spitzen kann vielmehr bei solchen Maßnahmen allenfalls noch dadurch erreicht werden, daß man beim Hochlauf die Kupplung langsam schlüpfend einlegt und damit den Hochlaufvorgang in die Länge zieht. Hiermit wären unter Umständen gewisse Entlastungen des Motors zu erzielen, wenn man bedenkt, daß die Wärmeentwicklung im Motor mit dem Quadrat des Stromes, aber nur linear mit der Zeit ansteigt. Die Widerstandserhöhung von Stromverdrängungsläufern tritt bei durchlaufenden Motoren nicht ein.

Dieses Beispiel hat eindeutig gezeigt, daß für die Berechnung von Umsteuervorgängen drei Größen von ausschlaggebender Bedeutung sind:

1. Das <u>bezogene Schwungmoment</u> der Maschine, unter Umständen mit Werkstück, (bzw. bezogen auf die Motorwelle: das Fremdschwungmoment des Motors).
2. Die <u>Reibungsverluste</u> bzw. der Wirkungsgrad der Maschine.
3. Die <u>Umsteuerzeit</u>.

Forschungsberichte des Wirtschafts- und Verkehrsministeriums Nordrhein Westfalen

zu 2

Die Belastung einer Maschine durch die Bearbeitungsaufgabe während des Umsteuervorganges ist weniger von Bedeutung. Da letzteres nur in seltenen Fällen während eines Umsteuervorganges auftritt, brauchen derartige Untersuchungen nur in Sonderfällen vorgenommen zu werden.

zu 3.

Wenn die Umsteuerzeit groß ist, werden die Belastungsspitzen klein und umgekehrt.

Moderne Regelantriebe haben eine Strombegrenzung, durch die das Beschleunigungsmoment begrenzt wird. Da - wie schon angeführt - die wärmemäßige Belastung des Motors durch das Quadrat des Stromes bedingt ist, wird damit grundsätzlich eine Überlastung des Motors und zugleich auch der angetriebenen Maschine verhindert. Zwangsläufig werden dann aber bei großen Schwungmomenten und schlechten Wirkungsgraden (große Reibungsverluste) die Umsteuerzeiten länger. Die Messungen haben augenscheinlich gezeigt, daß zu kurze Umsteuerzeiten nur von bedingtem Wert sind, d.h. es ist nicht ausgeschlossen, daß trotz größerer Verlustzeiten die Nivellierung dieser Arbeitsflächen unter den Leistungskurven einmal ein Beurteilungsmaßstab für die physikalische Vollendung gesteuerter oder auch geregelter Antriebe werden kann.

Alle drei aufgeführten Größen können aus derartigen dynamischen Messungen abgeleitet werden. Die Umsteuerzeit ist infolge der bekannten Papiergeschwindigkeit direkt gegeben.

Auch die Reibungsverluste der am Umsteuervorgang beteiligten Maschinenteile lassen sich aus derartigen Oszillogrammen leicht abschätzen. So sind z.B. nach dem 2. Umsteuern die Verluste im Leerlauf plötzlich rund doppelt so groß wie vorher, während sich die Drehzahlen der Spindel wie 1 : 5 verhalten. Diesem (absoluten) Geschwindigkeitszuwachs von 80 % steht der besagte Verlustzuwachs von 50 % gegenüber. Unter der Annahme, daß die Verluste mit der Drehzahl linear ansteigen, können die Gesamtverluste extrapoliert werden. Für die Gesamtdrehzahl als 100 % wären dann noch 1/5 des Verlustzuwachses zu addieren. Mit anderen Worten bei $n = 2400$ U/min entstehen 60 % aller Verluste an der Spindel, da allein die Spindel umgesteuert wurde (8).

Obgleich die erläuterte Meßmethode Steuervorgänge direkt und anschaulich erfaßt, werden leider die Meßmittel durch die auftretenden Belastungs-

Forschungsberichte des Wirtschafts- und Verkehrsministeriums Nordrhein Westfalen

spitzen außerordentlich gefährdet. Für die laufende, zahlenmäßige Ausmessung der Schwungmomente und Wirkungsgrade sind deshalb andere Methoden entwickelt worden, die im nächsten Abschnitt behandelt werden.

VII. Kenntafeln für Antriebsverhältnisse

Auf Grund der aufgeworfenen Probleme erschien es zweckmäßig, Antriebs- und Getriebecharakteristiken bei Werkzeugmaschinen in Form einer Kenntafel aufzustellen (Abb. 16). Sinn und Zweck dieser Kenntafel soll sein, durch umfangreiche statistische und meßtechnische Ermittlungen über die Eigenschaften der Arbeitsmaschinen die notwendigen Unterlagen für die Auslegung des erforderlichen Antriebes, sowie der zugehörigen Steuerung zusammenzutragen, damit bei der Gestaltung der Werkzeugmaschine und beim Projektieren der elektrischen Ausrüstung von den vielen vorhandenen Lösungsmöglichkeiten die günstigste festgelegt werden kann. Derartige Unterlagen werden zweifellos dazu beitragen, die Zusammenarbeit zwischen Maschinenbau und Elektrotechnik zu erleichtern.

Neben den rein technischen Daten der Maschine und des Antriebes ist zunächst ein Drehzahlbild (Abb. 16a) vorgesehen, aus dem die Drehzahlabstufung und der Drehzahlbereich, z.B. einer Drehbank, erkennbar wird. Auf der Abszisse sind die Drehzahlen im logarithmischen Maßstab aufgetragen, während auf der Ordinate die einzelnen Getriebewellen angeordnet sind. Die Abbildung gibt Aufschluß über die jeweiligen Übersetzungsverhältnisse der einzelnen Getriebeteile und damit über die Geschwindigkeiten, mit denen die Wellen entsprechend der eingestellten Getriebestufe umlaufen.

Ein weiteres Diagramm (Abb. 16b) stellt die Größe der Schwungmomente eines Getriebes bei verschiedenen Abtriebsdrehzahlen, bezogen auf die Motorwelle und das Schwungmoment des Motors, dar.

Auf die Bedeutung der Schwungmomente und deren Einfluß, sowohl auf den elektrischen Antrieb als auch auf die mechanische Beanspruchung der einzelnen Getriebeteile bei Steuervorgängen wurde in Abschnitt 5 eingehend hingewiesen. Derartige Werte sind also besonders für den Elektrotechniker zur Auslegung des Motors, unter Berücksichtigung der erforderlichen Brems-, Hochlauf- und Umsteuerzeiten, von größter Wichtigkeit.

Da man bei modernen Werkzeugmaschinen im Hinblick auf die Senkung der Nebenzeiten bestrebt ist, möglichst kurze Umschaltvorgänge zu erzielen, spielt in diesem Zusammenhang die Größe der Schalthäufigkeit ebenfalls

Forschungsberichte des Wirtschafts- und Verkehrsministeriums Nordrhein Westfalen

eine entscheidende Rolle, vor allem dann, wenn der Antrieb selbst des öfteren reversiert werden muß. Im allgemeinen können die Schwungmomente für Maschinen von den Herstellerfirmen nicht ohne weiteres angegeben werden, da infolge der komplizierten Form der einzelnen Getriebeelemente (Wellen, Kupplungen, Zahnräder, Kugellager usw.) die Berechnungen sehr umständlich sind und auch nur näherungsweise durchgeführt werden können. Außerdem ist die Ermittlung durch Meßverfahren oft sehr langwierig, und es stehen meistens hierfür nicht die erforderlichen Meßeinrichtungen zur Verfügung. Einem dringenden Wunsche der Elektrotechnik entsprechend, erscheint es deshalb angebracht, solche Unterlagen für die verschiedensten Maschinentypen aufzustellen.

Wichtige Aufschlüsse über Antrieb und Maschine gibt das Leistungs-Drehmoment-Diagramm (Abb. 16c). Ziel dieser Untersuchungen soll sein, unter Zugrundelegung der Betriebsverhältnisse bei vernünftigem Aufwand, Antrieb und Maschine möglichst einander gut anzupassen. Dabei ist vor allem die Festlegung des Knickpunktes "konst. Moment - konst. Leistung" zu beachten.

In diesem Zusammenhang wird die Frage der Auslegung von stufenlos verstellbaren Antrieben, z.B. Gleichstrommaschinen, von besonderer Bedeutung sein. Da Gleichstromnebenschlußmotoren im Ankerbereich konstantes Moment und im Feldbereich konstante Leistung abgeben, ist einmal die notwendige Größe der Bereiche und zum anderen die Lage der Nenndrehzahl einer genauen Prüfung zu unterziehen, um den Motor den notwendigen Leistungen anzupassen, die von der Maschine, vor allem bei unteren Drehzahlen, verlangt werden.

Im nächsten Diagramm (Abb. 16d) sind Umsteuer-, Hochlauf- und Bremszeiten in Abhängigkeit von der Drehzahl dargestellt. Dabei wurden auf der Abszisse die an einer Maschine einstellbaren Drehzahlen von $-n$ bis $+n$ aufgetragen, während auf der Ordinate die Zeiten abzulesen sind, die sich bei Umsteuervorgängen ergeben. So lassen sich z.B. bei Revolverdrehbänken mit Programmsteuerungen durch Umschaltungen in beliebiger Reihenfolge alle Drehzahlstufen untereinander kombinieren, und es wird sich bei jedem Geschwindigkeitswechsel eine bestimmte Zeit ergeben, je nachdem, ob man die Drehzahl erhöht, abbremst oder umkehrt. Trägt man die gemessenen Zeitwerte in das dargestellte Schaubild ein, so ergeben sich dabei Kurvenscharen, aus denen dann die Zeitdauer für jeden beliebigen Drehzahlwechsel ermittelt werden kann. Solche Angaben erlauben die Vorausberechnung von Fertigungszeiten bereits in der Planung und dienen als Unterlagen für Kalkulationen.

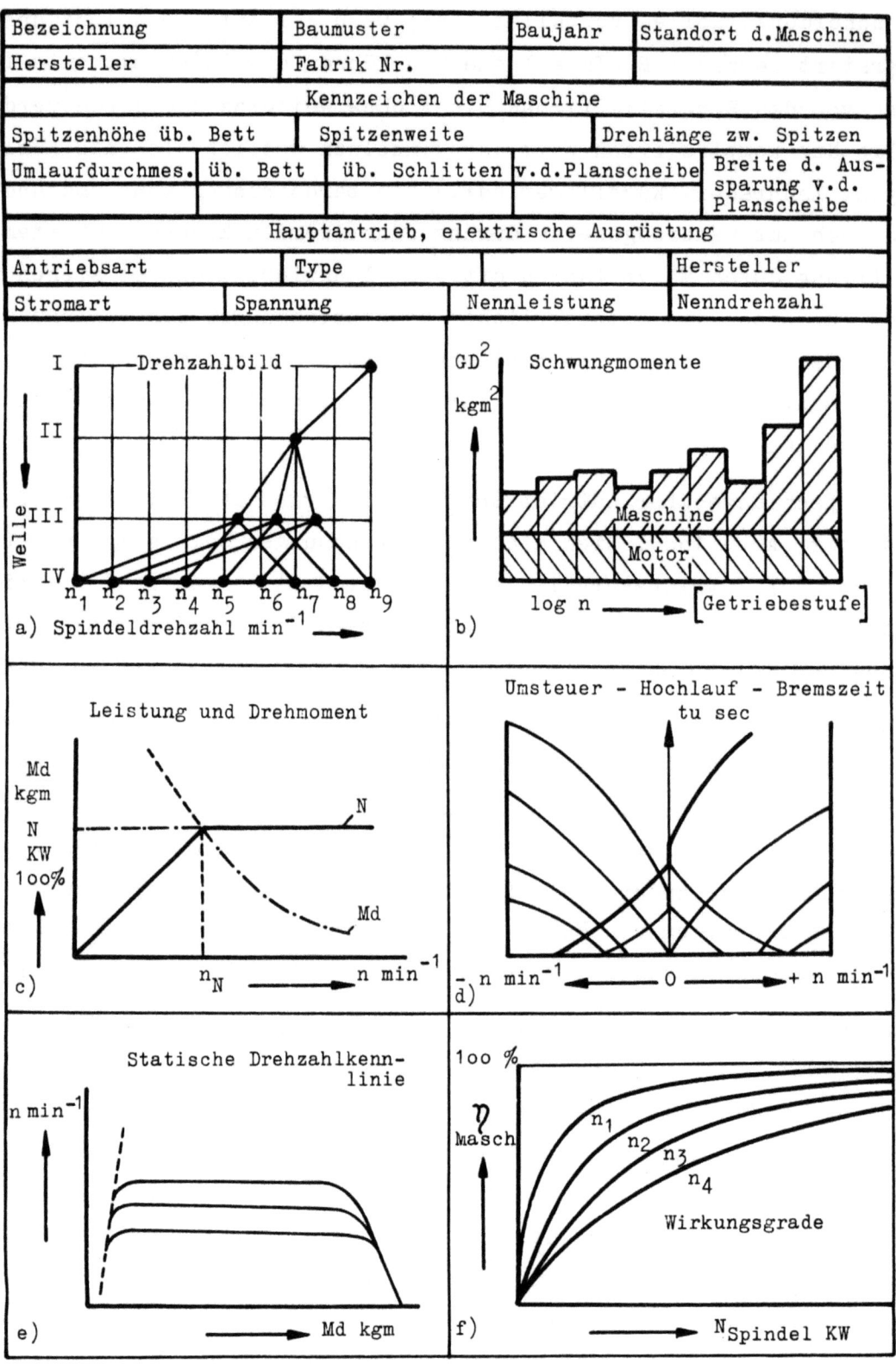

Abbildung 16
Kenntafel für Antriebe

Ferner ist, wie die nächste Abbildung 16e zeigt, die erforderliche Drehzahlstabilität eines Antriebes zu untersuchen. Bei Gleichstrommaschinen tritt auf Grund des Spannungsabfalles am Anker mit zunehmender Belastung ein Drehzahlabfall auf, der sich prozentual in den unteren Bereichen am stärksten auswirkt. Dieser Abfall läßt sich durch geeignete Maßnahmen kompensieren, und man erreicht bei Verwendung von zusätzlichen Verstärkereinrichtungen (s. Abschnitt V) eine gewisse Stabilität, die sich sowohl in statischer als auch in dynamischer Hinsicht auswirkt. Derartige Verstärkerelemente verteuern die elektrische Ausrüstung jedoch erheblich, so daß in diesem Zusammenhang genau zu prüfen wäre, wie weit, unter Berücksichtigung der Wirtschaftlichkeit, ein Mehraufwand gerechtfertigt erscheint, bzw. in welchen Grenzen eine Abweichung von der optimalen Schnittgeschwindigkeit noch tragbar ist. Die aufgeworfenen Fragen dürften demnach von Seiten des Antriebes, der Betriebsbedingungen der Maschine und aus der Zerspanung heraus zu beantworten sein. Bei den beiden letzten Diagrammen handelt es sich in erster Linie um Ermittlungen für den Einsatz geregelter Antriebe.

Da bei den heute angewandten hohen Arbeitsdrehzahlen ein überraschend grosser Anteil der Antriebsleistungen zur Deckung der Verluste benötigt wird, müssen bei der Konstruktion einer Werkzeugmaschine die Verlustanteile der einzelnen Übertragungsglieder bekannt sein. Aus diesem Grunde wurde ein Diagramm (Abb. 16f) vorgesehen, welches z.B. den Wirkungsgrad eines Getriebes bei den verschiedenen Abtriebsdrehzahlen erkennen läßt. Diese Angaben sind unbedingt erforderlich, um bei gegebener Zerspanungsleistung die für den Antrieb notwendige Leistung im voraus bestimmen zu können. Neben den Wirkungsgraden ist, wie bereits erwähnt, für die Größe der zu installierenden Leistung der Einfluß der Schwungmomente, insbesondere bei häufigen Steuervorgängen, zu berücksichtigen.

An Hand der beschriebenen Kenntafeln sollen auf Grund statistischer Ermittlungen und aus Firmenangaben, sowie erforderlichenfalls durch eigene Messungen möglichst viele Unterlagen zusammengetragen werden, die sowohl für den Antrieb als auch für die Maschine Richtlinien erkennen lassen, die eine gute Anpassungsmöglichkeit beider Teile, unter Berücksichtigung der Wirtschaftlichkeit, gewährleisten.

Forschungsberichte des Wirtschafts- und Verkehrsministeriums Nordrhein Westfalen

VIII. Beispiele zur Kenntafelermittlung

1. Allgemeines

Bei den untersuchten Maschinen handelt es sich um Leit- und Zugspindel-, sowie Revolverdrehbänke. Nähere Angaben über die technischen Daten dieser Maschinen und der zugehörigen elektrischen Antriebe sind in der folgenden Abbildung 17 enthalten. Die Maschinen werden normalerweise von den Herstellerfirmen mit Drehstrommotoren ausgerüstet. Um jedoch auch beliebige Zwischendrehzahlen für besondere Zerspanungsuntersuchungen einstellen zu können, wurden hier vorwiegend Gleichstrommotoren verwendet.

In den nachstehenden Ausführungen sind infolge der Vielzahl der Messungen für die einzelnen Maschinen nicht alle Diagramme entsprechend der Kenntafelaufstellung im Abschnitt VI wiedergegeben. Es werden jeweils nur einige charakteristische Untersuchungsergebnisse behandelt.

2. Drehzahlbilder

Die Maschinen sind mit Stufengetrieben ausgerüstet, wobei für die Abstufung die in der Praxis üblichen geometrischen Drehzahlreihen mit den entsprechenden Stufensprüngen zu Grunde gelegt waren. In den Abbildungen 18 bis 20 sind Drehzahlbilder von Spindelkästen dargestellt, aus denen sich die Drehzahlbereiche, die Übersetzungsverhältnisse der im Eingriff befindlichen Wellen und die Abstufungen der Spindeldrehzahlen erkennen lassen. Neben konstruktiven Berechnungs- und Planungsunterlagen für die einzelnen Getriebeelemente lassen derartige Darstellungen gewisse Rückschlüsse bei Untersuchungen über Schwungmomente und Wirkungsgrade zu.

3. Schwungmomente

Wie im Abschnitt VI eingehend erläutert ist, ist für die richtige Auslegung des Antriebes einer Maschine die Kenntnis der Schwungmomente von größter Wichtigkeit, besonders dann, wenn kurze Hochlauf-, Brems und Umsteuerzeiten, wie es bei vielen Werkzeugmaschinen im Hinblick auf Herabsetzung der Nebenzeiten häufig der Fall ist, verlangt werden. Dabei ist zu berücksichtigen, daß einerseits der Drehzahlwechsel in relativ kurzer Zeit vorgenommen werden soll, andererseits aber kein zu großer Belastungsstoß auftreten darf, der aus konstruktiven Gründen nicht zulässig ist und evtl. zur Beschädigung des Getriebes führen könnte. Da in der Praxis hierüber wenig Unterlagen vorliegen und auch von Seiten der Werkzeug-

Maschine I

Leit- und Zugspindeldrehbank

Spitzenhöhe über Bett:	225 mm	Spitzenweite:	1100 mm
Drehzahlen:	12	Drehzahlbereich:	von 45-2000 U/min
Stufensprung:	$\varphi = 1,41$		
Antrieb:	Gleichstrommotor	Spannung:	220 V
Nennleistung:	7 KW	Nenndrehzahl:	1210 U/min

Maschine II

Leit- und Zugspindeldrehbank

Spitzenhöhe über Bett:	250 mm	Spitzenweite:	1500 mm
Drehzahlen:	18	Drehzahlbereich:	von 28-1400 U/min
Stufensprung:	$\varphi = 1,26$		
Antrieb:	Gleichstrommotor	Spannung:	220 V
Nennleistung:	9 KW	Nenndrehzahl:	1440 U/min

Maschine III

Revolverdrehbank

Spitzenhöhe über Bett:	180 mm	Spitzenweite:	— — —
Drehzahlen:	16	Drehzahlbereich:	von 16-2800 U/min
Stufensprung:	$\varphi = 1,4$		
Antrieb:	Gleichstrommotor	Spannung:	220 V
Nennleistung:	4,5 KW	Nenndrehzahl:	1860 U/min

Maschine IV

Revolverdrehbank

Spitzenhöhe über Bett:	140 mm	Spitzenweite:	— — —
Drehzahlen:	16	Drehzahlbereich:	von 71-2250 U/min
Stufensprung:	$\varphi = 1,26$		
Antrieb:	Drehstrommotor	Spannung:	380 V
Nennleistung:	3,7 KW	Nenndrehzahl:	1460 U/min

Maschine V

Leit- und Zugspindeldrehbank

Spitzenhöhe über Bett:	235 mm	Spitzenweite:	1000 mm
Drehzahlen:	24	Drehzahlbereich:	von 9-1800 U/min
Stufensprung:	$\varphi = 1,26$		
Antrieb:	Gleichstrommotor	Spannung:	220 V
Nennleistung:	14 KW	Nenndrehzahl:	1100 U/min

A b b i l d u n g   17

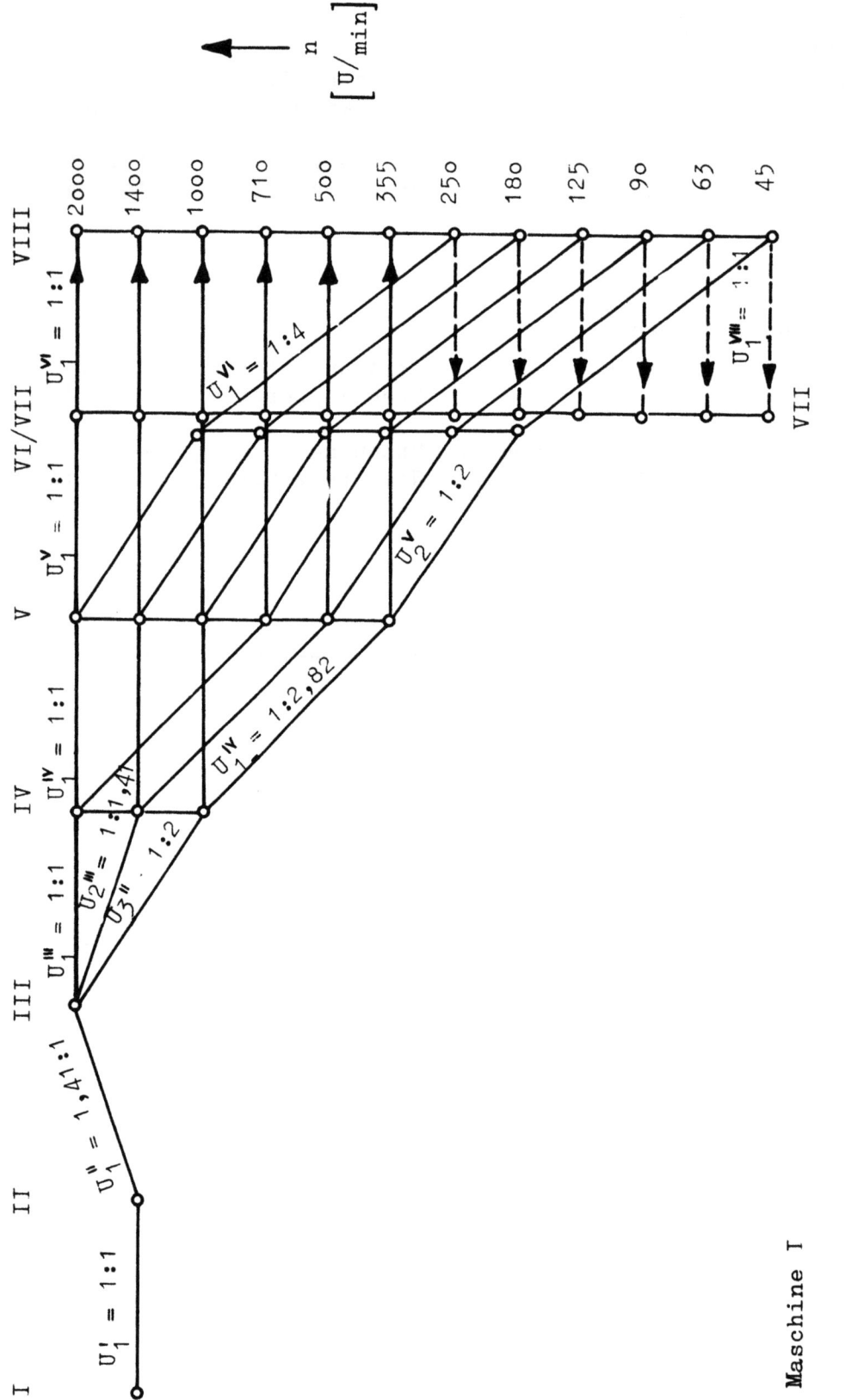

Abbildung 18
Drehzahlbild der Gustloff - Drehbank G_{A5}

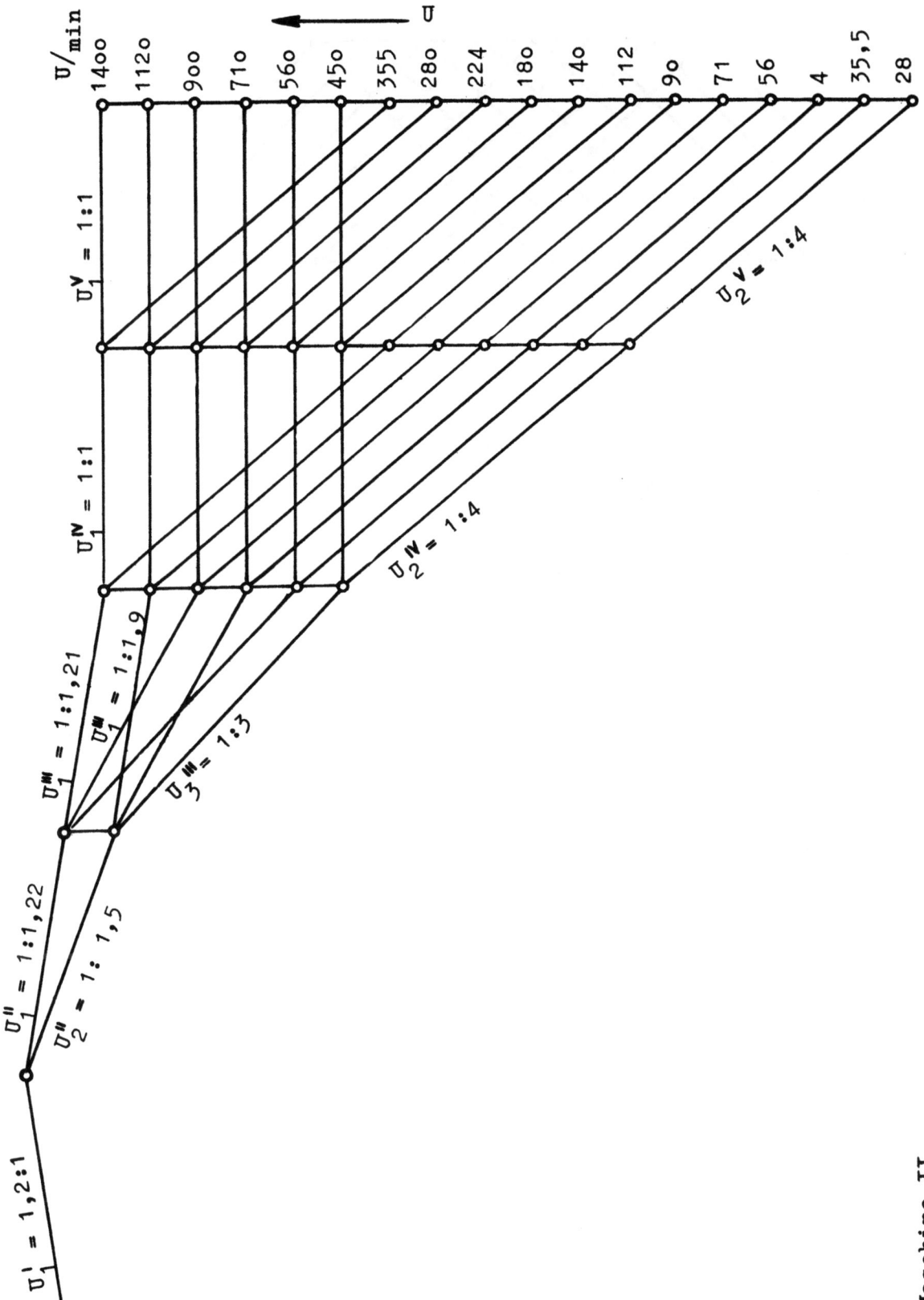

Maschine II

Abbildung 19

Drehzahlschaubild einer Leit- und Zugspindeldrehbank mit Sonderantrieb

Forschungsberichte des Wirtschafts- und Verkehrsministeriums Nordrhein-Westfalen

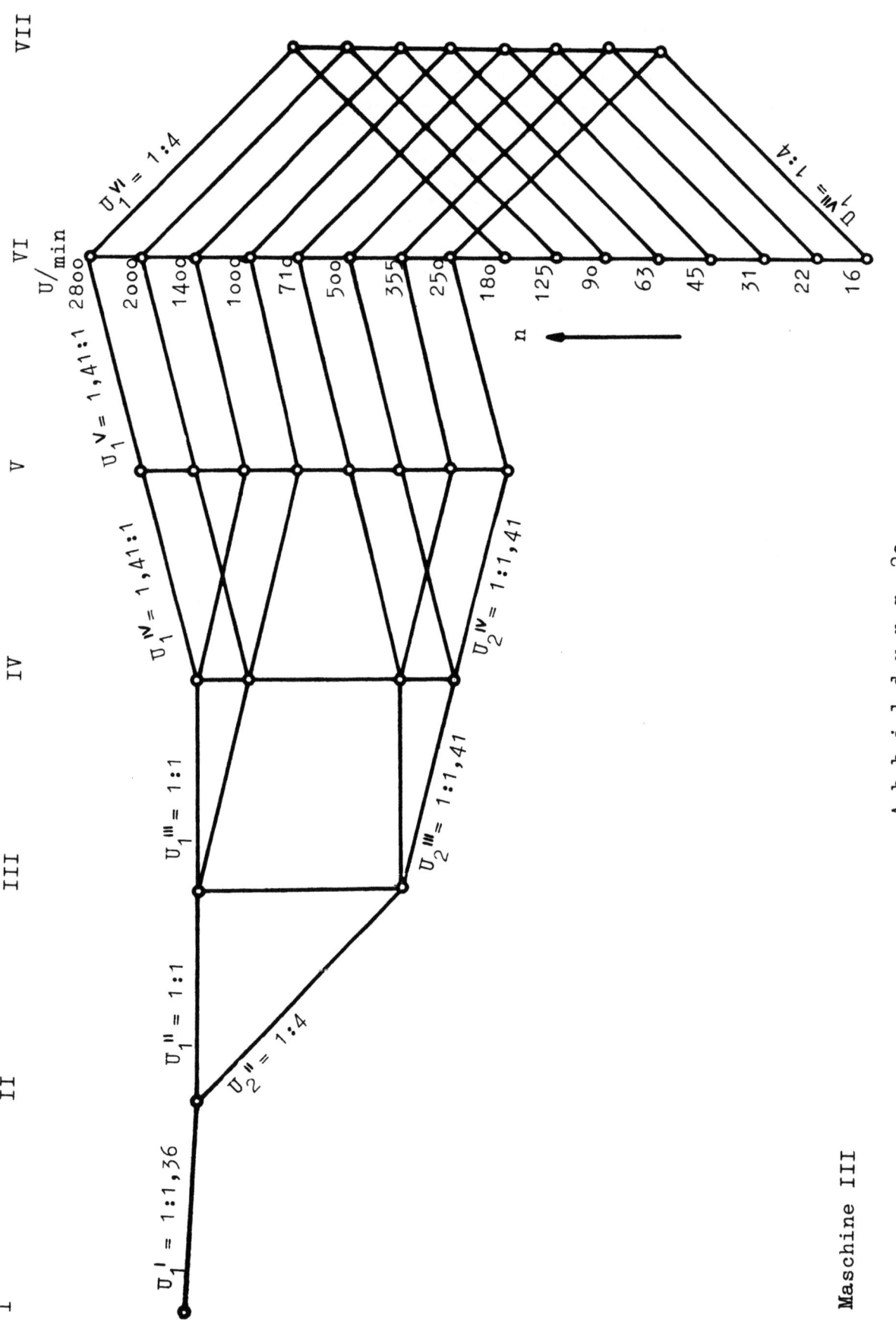

Abbildung 20
Drehzahlschaubild einer Revolverdrehbank

Maschine III

maschinenindustrie kaum Angaben gemacht werden können, wurden derartige Untersuchungen angestellt.

In den Abbildungen 21 bis 25 sind rechnerisch ermittelte und gemessene Schwungmomente verschiedener Drehbänke bezogen auf die Motorwelle bzw. auf die Eingangswelle der Maschine in Abhängigkeit von der Spindeldrehzahl, sowie die Schwungmomente der Motoren aufgetragen. Man erkennt aus Abbildung 21 (Maschine I), daß bis etwa zur Getriebestufe 500 U/min das Maschinenschwungmoment ca. in der Größenordnung des Motorschwungmomentes liegt ($GD^2 = 0,45$ kg·m^2).

Für die nächsten Drehzahlen vergrößert sich das Schwungmoment sprunghaft bis über 4 kgm^2 und erreicht somit bei höchster Drehzahl etwa den 9-fachen Wert des Motorschwungmomentes. Das würde für einen Antrieb mit konstantem Anlaufmoment (z.B. bei Elektronik-Aggregaten), unter der Annahme gleicher Reibungsverhältnisse, bedeuten, daß die Maschine die 9-fache Zeit für den Hochlauf auf die größte Drehzahl gegenüber dem Hochlauf bei der untersten Getriebestufe benötigt. Wollte man alle Stufen in gleichen Zeiten hochfahren, so müßte bei höchster Drehzahl das 9-fache Beschleunigungsmoment zur Verfügung stehen. Von weiterem Einfluß sind außerdem die Größe der Werkstücke und die Reibungsverhältnisse, die ihrerseits wiederum von der Drehzahl und von der Belastung abhängen (s. Abschnitt VIII, 5). Dieses einfache Beispiel läßt bereits erkennen, wie wichtig derartige Unterlagen für die Projektierung sind, damit eine sinnvolle Abstimmung zwischen Antrieb und Maschine, hinsichtlich der Größe der installierten Leistung, der erwünschten Umsteuerzeiten und der zulässigen mechanischen Belastung gewährleistet ist. Die Frage des Aufwandes und der Wirtschaftlichkeit tritt in diesem Zusammenhang bei stufenlos geregelten Antrieben (magnetische und elektronische Regelaggregate) ganz besonders in den Vordergrund.

In Abbildung 22 sind gemessene und durch Rechnung ermittelte Schwungmomente (Maschine II), bezogen auf die Maschineneingangswelle, aufgetragen. Die Unterschiede zwischen den gemessenen und errechneten Werten (letztere liegen im allgemeinen etwas tiefer) sind darauf zurückzuführen, daß bei der Rechnung in Anbetracht der teilweise sehr komplizierten Form der einzelnen Getriebeteile (Zahnräder, Kugellager, Wellen, Kupplungen) Vereinfachungen getroffen wurden. Die Abweichungen liegen jedoch durchaus in tragbaren Größenordnungen.

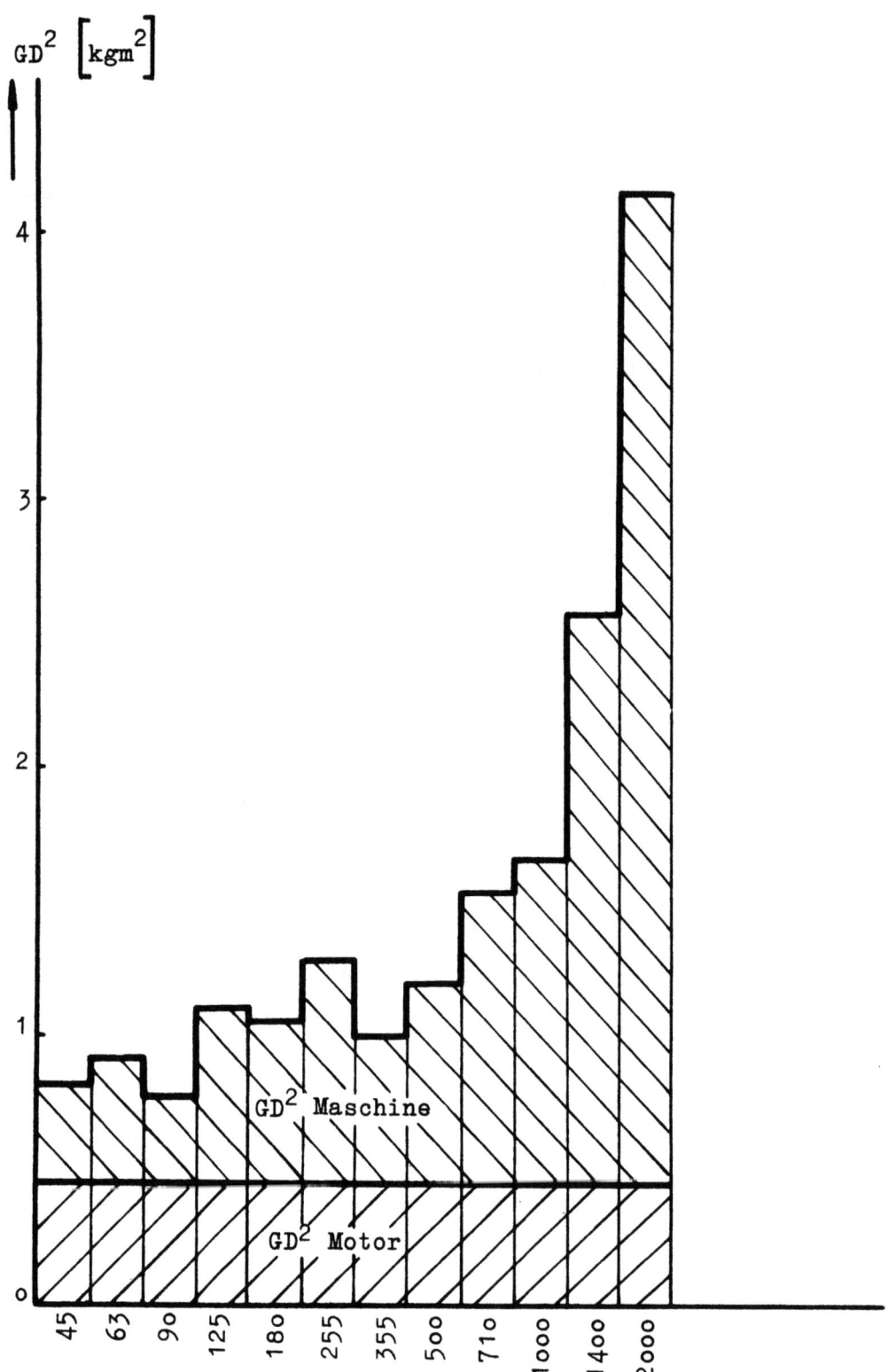

A b b i l d u n g 21

Schwungmomente einer Vorwählerdrehbank mit Futter
bezogen auf die Motorwelle (Spitzenhöhe: 225 mm)

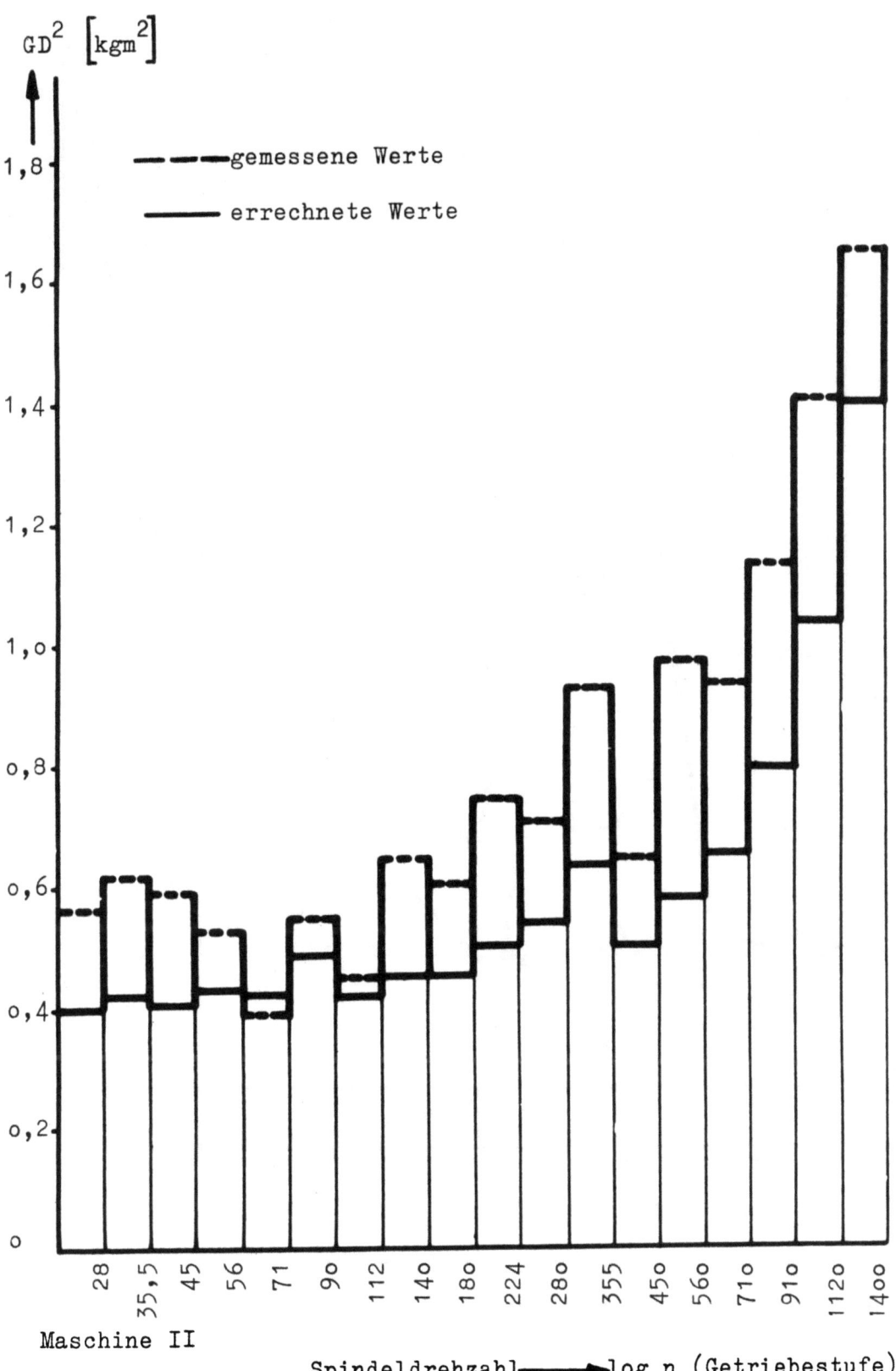

A b b i l d u n g 22

Schwungmomente einer Produktionsdrehbank
bezogen auf die Antriebswelle

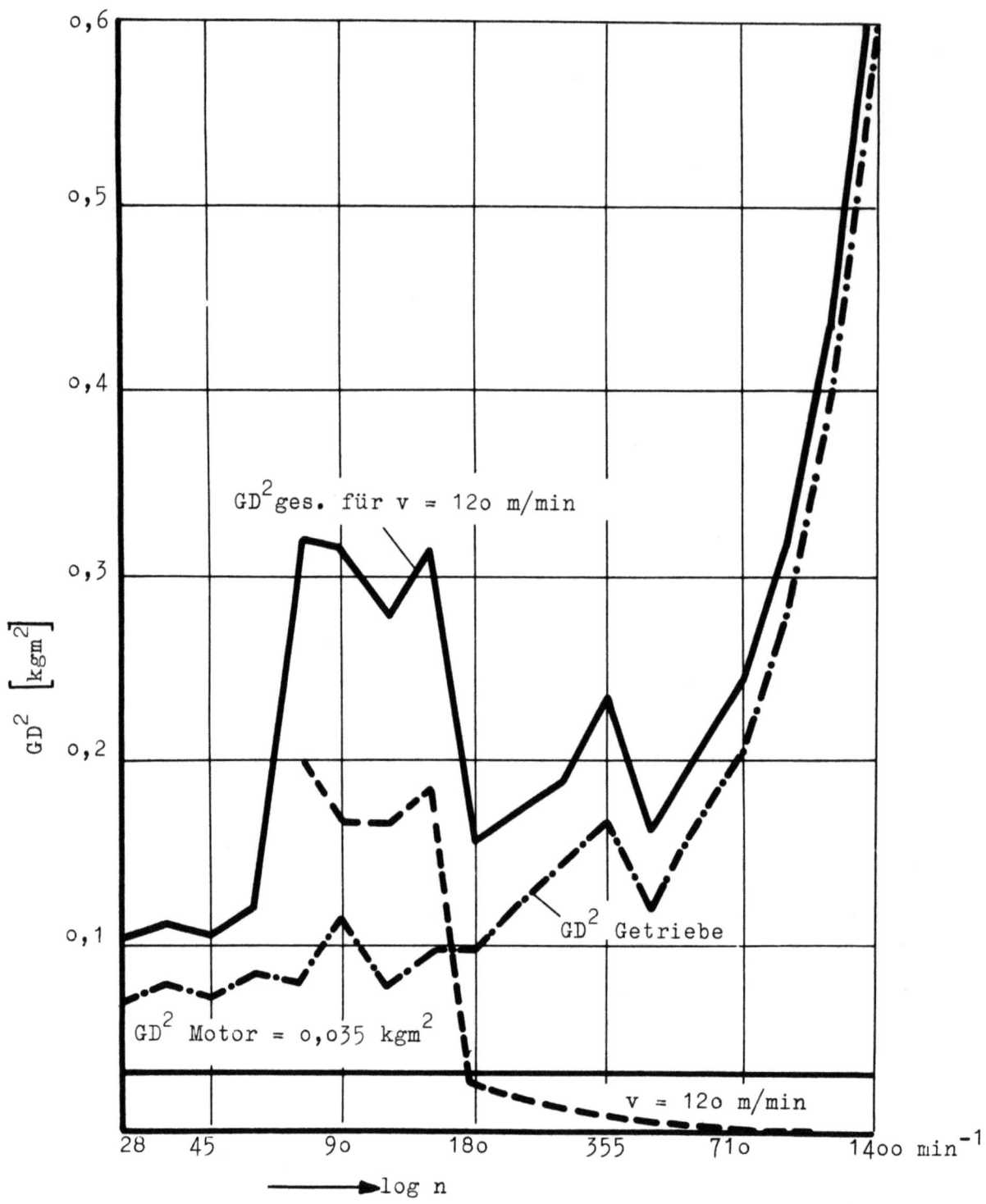

Abbildung 23

Schwungmomente einer Stufendrehbank bezogen auf Motorwelle

Abbildung 23 zeigt die Schwungmomente der gleichen Drehbank, jedoch bezogen auf die Welle eines Drehstrommotors mit einer Leistung von 5,5 KW bei 2800 U/min. Es handelt sich hierbei um einen Drehstromantrieb, wie er normalerweise für diese Maschine geliefert wird. Das Schwungmoment des

Motors ist konstant und beträgt $GD^2 = 0{,}035$ kgm^2. Der dargestellte Kurvenverlauf der Getriebeschwungmomente zeigt die gleiche Tendenz wie bei der Maschine I. Das Schwungmoment steigt mit wachsender Drehzahl an und erreicht bei der letzten Getriebestufe etwa den 17-fachen Wert des Motorschwungmomentes.

Diese Tatsache ist sehr überraschend, da man in der Praxis im allgemeinen als Richtwert das 2-3-fache Motorschwungmoment für derartige Maschinen bei Projektierungen angenommen hat. Von weiterem nicht zu vernachlässigendem Einfluß ist das Schwungmoment des Werkstückes. Legt man ein Werkstück von 1oo mm Länge mit einem Drehdurchmesser, der in jedem Augenblick einer konstanten Schnittgeschwindigkeit von v = 12o m/min entspricht, zu Grunde, so ergibt sich der dargestellte Kurvenverlauf. Man erkennt hieraus, daß der Werkstückeinfluß besonders bei den mittleren Drehzahlen sich stark bemerkbar macht und nicht vernachlässigbar ist, während für hohe Drehzahlen das Werkstück kaum noch eine Rolle spielt (unter der Annahme v = konst.), da das Trägheitsmoment mit der 4. Potenz im Abstand von der Drehachse eingeht. Für das Gesamtschwungmoment von Motor, Getriebe und Werkstück ergibt sich der obere Kurvenverlauf. Erhöht man die Geschwindigkeit und legt ein Werkstück gleicher Länge zu Grunde, welches mit einer konst. Schnittgeschwindigkeit von v = 18o m/min bearbeitet wird, so ergibt sich für das Gesamtschwungmoment der in Abbildung 24 gezeichnete obere Kurvenverlauf. In diesem Fall werden schon bei mittleren Drehzahlen Werte erreicht, die in der Größenordnung des Schwungmomentes der höchsten Drehzahl liegen.

Abbildung 25 zeigt den Schwungmomentenverlauf einer Revolverdrehbank, bezogen auf die Motorwelle (Maschine III). Gegenüber den Drehbänken weist dieser Kurvenverlauf einen Sprung bei der Drehzahl 25o U/min auf. Zieht man daraufhin das Drehzahlbild (Abb. 2o) zum Vergleich heran, so erkennt man, daß bei dieser Stufe ein Vorgelege zum Eingriff kommt. Im übrigen ergibt sich auch hier wieder ein starkes Anwachsen der Schwungmomente nach höheren Drehzahlen hin.

Die ausgeführten Messungen geben Aufschluß über die Größenordnungen von Schwungmomenten bei verschiedenen Drehbänken, vor allem im oberen Drehzahlbereich. Für den Elektrotechniker sind derartige Unterlagen außerordentlich wichtig zur richtigen Dimensionierung des Antriebes, für den Konstrukteur geben sie wertvolle Hinweise bezüglich des Auftretens von Massenkräften.

Forschungsberichte des Wirtschafts- und Verkehrsministeriums Nordrhein Westfalen

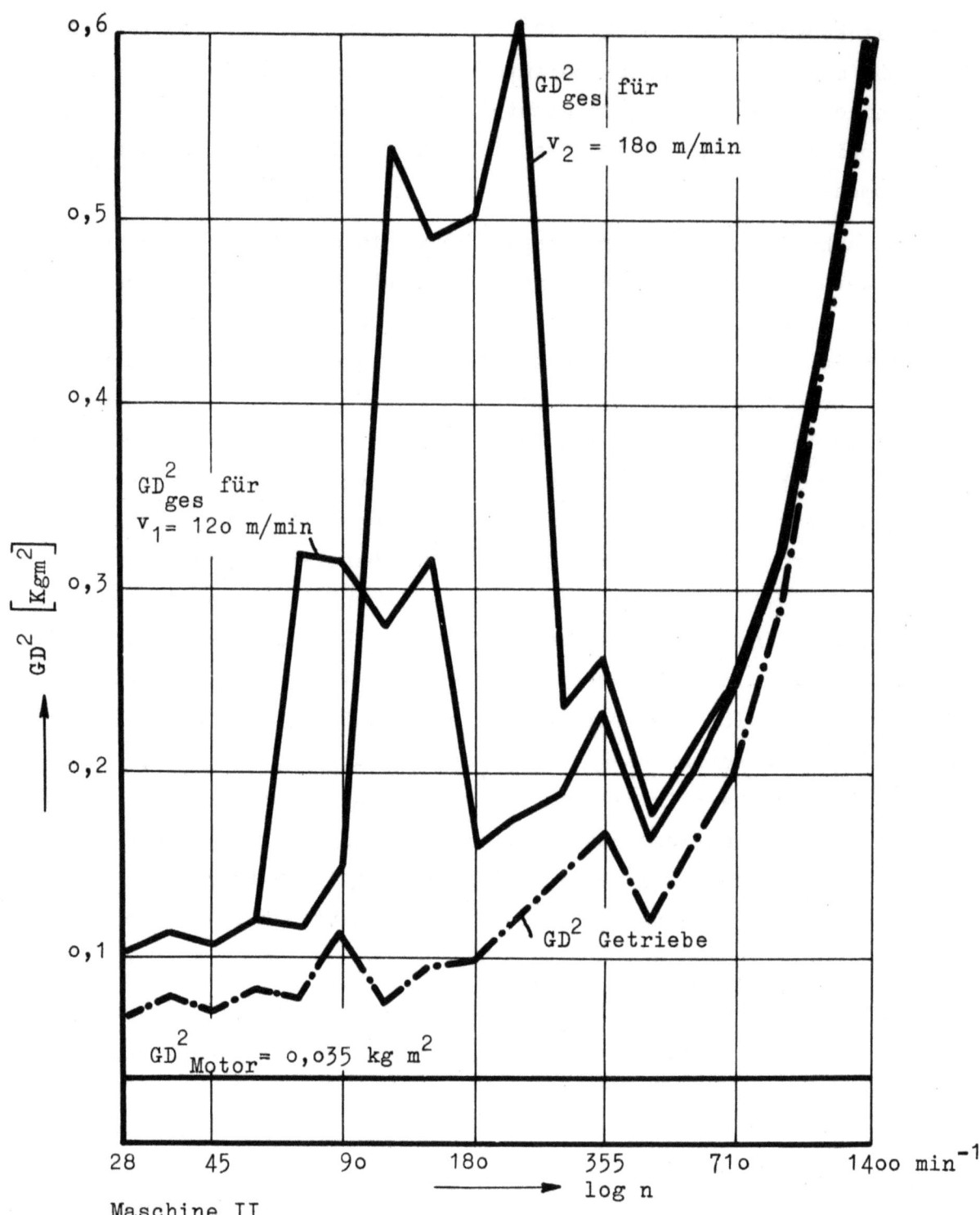

Abbildung 24
Schwungmomente einer Stufendrehbank
bezogen auf Motorwelle

Für die Ermittlung der Schwungmomente von einzelnen Maschinen oder bei ganzen Maschinengruppen sind mehrere Methoden (9), (1o) bekannt geworden.

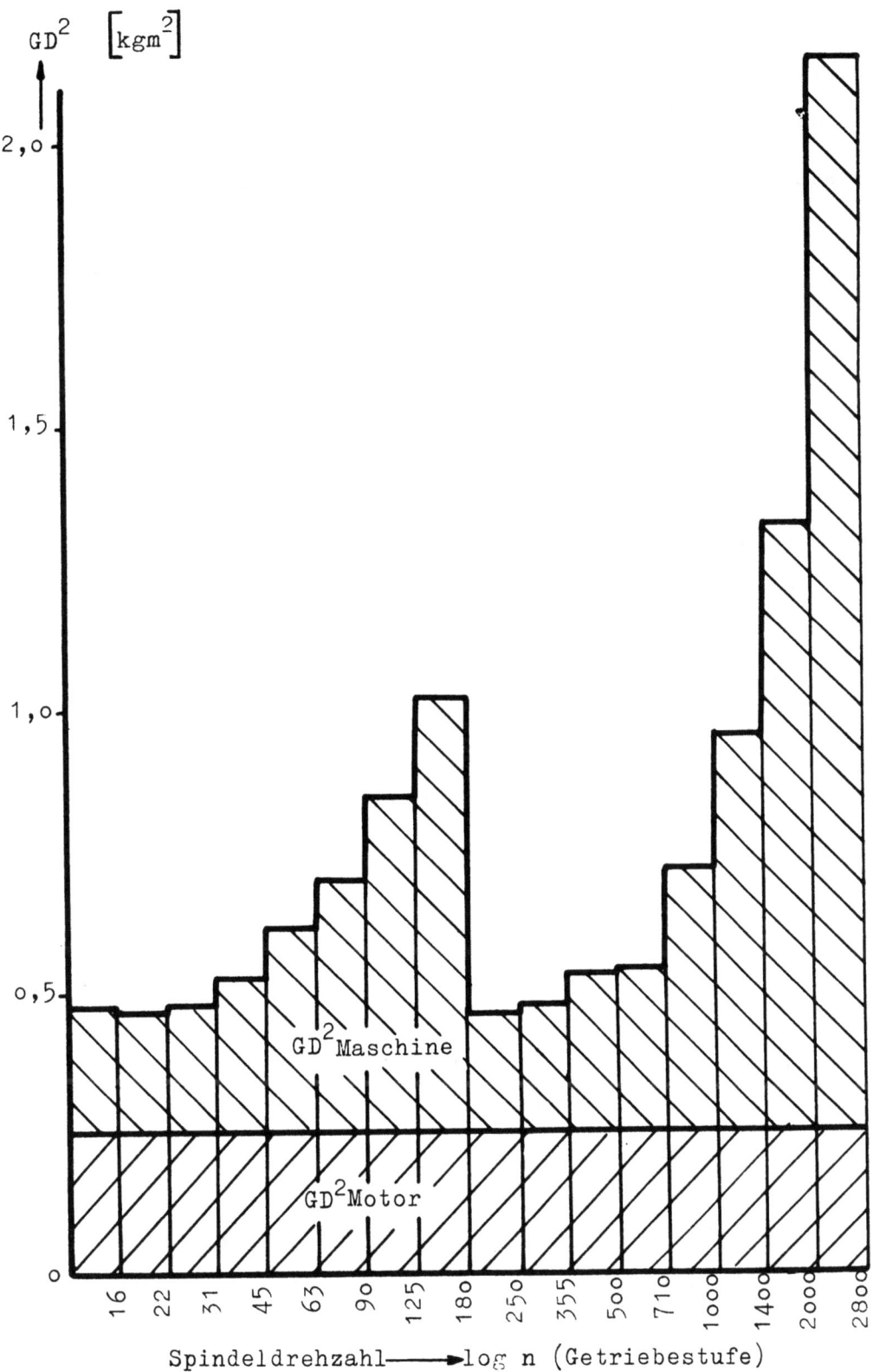

Abbildung 25

Schwungmomente einer Revolverdrehbank bezogen auf die Motorwelle

Da der rechnerische Weg infolge der Kompliziertheit der verschiedenen Maschinenteile sehr umständlich ist, wird man sich deshalb im allgemeinen meßtechnischer Verfahren bedienen.

Die vorerwähnten Ausführungen haben gezeigt, daß bei Werkzeugmaschinen das Verhältnis

$$\frac{GD^2_{Motor}}{GD^2_{(Maschine + Werkstück)}}$$

eine entscheidende Rolle spielt. Das bedeutet, daß die Schwungmomente sowohl für den Antrieb als auch für die Maschine bekannt sein müssen. Soweit die Werkzeugmaschinen über Riemenscheiben angetrieben werden, lassen sich beide Teile leicht trennen.

Schwieriger wird jedoch die Messung sein, wenn Flansch- oder Einbaumotoren oder sogar Motoren in Bauform B 9 (einseitiges Lagerschild) verwendet worden sind, wobei zu erwähnen ist, daß die erstere Bauform sehr häufig benutzt wird. Da jedoch bei den Elektrofirmen in fast allen Fällen genaue Werte über die Schwungmomente der verschiedenen Motortypen vorliegen, läßt sich das bezogene Maschinenschwungmoment durch Subtraktion aus dem gemessenen Gesamtschwungmoment bestimmen.

Im folgenden soll ein Verfahren beschrieben werden, welches zunächst an verschiedenen Motoren mit bekannten Schwungmomenten überprüft wurde. Dabei haben die Untersuchungen gezeigt, daß die gemessenen Werte nur um wenige Prozent von den Angaben der Herstellerfirmen abwichen. Bei diesem Verfahren, welches auf Grund der guten Übereinstimmung der Daten zur Ermittlung der Maschinenschwungmomente herangezogen wurde, handelt es sich um einen <u>Auslaufversuch</u>.

Beim Auslaufversuch wird der zeitliche Verlauf der Auslaufdrehzahl nach Abschalten der Maschine aufgenommen. Man fährt die Maschine zunächst auf Nenndrehzahl hoch, möglichst mit einem Gleichstrommotor, und mißt Ankerspannung und den aus dem Netz aufgenommenen Ankerstrom. Da die Ankerverluste vernachlässigbar klein sind, ergibt sich als Verlustleistung für motor und Maschine:

(1) $$V_{Fe} + V_{rbg} = \frac{(U_o - 2) \cdot J_o}{1000} \cdot [KW]$$

V_{Fe} = Eisenverluste

V_{rbg} = Reibungsverlust (Motor + Maschine)

U_o = Spannung in Volt
I_o = Strom in Ampere } bei Nenndrehzahl

Faktor 2 = Spannungsabfall an Bürsten

Danach erhöht man bei konstantem Feld die Drehzahl um 1o - 2o % über Nenndrehzahl, schaltet den Anker vom Netz ab und mißt bei gleichem Feld in gewissen Zeitabständen die Drehzahl mittels eines Tachometers oder eines Spannungsmessers, der entweder von dem Antriebsmotor selbst oder durch einen kleinen Tourendynamo gespeist wird. Bei Maschinen mit kleinen Auslaufzeiten werden diese Werte zweckmäßigerweise oszillografisch ermittelt, während bei längeren Auslaufzeiten für die Zeitmessung eine Stoppuhr ausreicht.

In Abbildung 26 ist die gemessene Auslaufkurve einer Drehbank (Maschine II) für die Getriebestufe: n_{Sp} = 224 U/min dargestellt. Die Kurve n = f (t) gibt den funktionellen Zusammenhang zwischen der Zeit während des Auslaufes und der jeweiligen Drehzahl bzw. der Spannung nach Abschalten der Maschine an. Der Punkt A entspricht der Nenndrehzahl bzw. einem ganz bestimmten Drehzahlwert. Der Verlauf der Kurve n = f (t) wird durch die Summe aller bremsenden Drehmomente (Luft-, Lager-, Bürstenreibung und weitere Verluste) festgelegt. Zur Überwindung dieser Momente steht die Energie der sich drehenden Schwungmassen zur Verfügung, und es gilt in jedem Augenblick die Beziehung:

$$(2) \quad MD = \frac{GD^2}{4g} \cdot \frac{d\omega}{dt} = \frac{GD^2}{4 \cdot 9{,}81} \cdot \frac{2\pi}{60} \cdot \frac{dn}{dt} = \frac{GD^2 \cdot n_1}{375 \cdot \Delta t_1}$$

n_1 = betrachteter Drehzahlwert im Punkt A in min^{-1}

Δt_1 = zu n_1 zugehörige Auslaufzeit in s

Die Auslaufzeit Δt_1 würde erreicht, wenn das im Punkt A vorhandene Bremsmoment während des gesamten Auslaufes konstant bliebe. Man ermittelt den Wert Δt_1 durch Anlegen der Tangente im Punkt A. Zur sicheren Festlegung der Tangentenrichtung wird dabei, wie eingangs erwähnt, zweckmäßig die Ausgangsdrehzahl um 1o - 2o % gegenüber der betrachteten Drehzahl erhöht.

Setzt man statt des Bremsmomentes die Bremsverluste ein, so kommt man zu der Beziehung:

$$N_{Brems} = \frac{Md \cdot \omega \cdot 9{,}81}{1000} = \frac{GD^2}{4 \cdot 9{,}81} \cdot \frac{2\pi}{60} \cdot \frac{dn}{dt} \cdot \frac{2\pi n}{60} = \frac{9{,}81}{1000} \text{ KW}$$

$$N_{Brems} = V_{Fe} + V_{rbg}$$

(3) $$N_{Brems} = \frac{GD^2}{365000} \cdot \frac{n_1}{\Delta t_1}$$

Diese Gleichung enthält 4 Variable: N_{Brems}, GD^2, n_1 und Δt. Kennt man 3 von diesen Größen, so läßt sich die vierte berechnen. Durch Kombination von Gleichung 1 und 3 ergibt sich:

(4) $$GD^2 = \frac{365000 \cdot \Delta t_1 (V_{Fe} + V_{rbg})}{n_1^2} = \frac{365 \cdot \Delta t_1 (U_o - 2) I_o}{n_1^2} \text{ kgm}^2$$

Da Δt_1, n_1 und $V_{Fe} + V_{rbg}$ gemessene Werte sind, läßt sich aus Gleichung 4 das Schwungmoment bestimmen.

Zur Kontrolle des Ergebnisses kann man zu mehreren gemessenen Wertgruppen von N_{Brems}, Δt und n das Schwungmoment berechnen. Da das Schwungmoment für jede Getriebestufe konstant ist, müssen sich also die gleichen Berechnungswerte ergeben.

4. Hochlauf-, Brems- und Umsteuerzeiten einer Revolverdrehbank

Bei der untersuchten Maschine (Maschine IV) handelt es sich um eine Revolverdrehbank. Das Hauptgetriebe ist mit zwei elektromagnetischen Doppelkupplungen ausgerüstet. Durch Schaltkombinationen der einzelnen Kupplungen ergeben sich 4 verschiedene Drehzahlen. Da der Antrieb selbst zweifach polumschaltbar ist und außerdem durch ein Vorgelege zwei Übersetzungsbereiche eingestellt werden können, erhält man an der Spindel 2 x 2 x 4 = 16 Drehzahlen. Dieses fernsteuerbare Getriebe läßt sich sowohl von einem Drehzahlwähler (2 x 8 Stellungen) als auch vom Revolverkopf aus elektrisch schalten. Der Vorteil eines derartigen Getriebes liegt u.a. darin, daß bei durchlaufendem Motor in einfacher Weise Drehzahlumschaltungen vorgenommen werden können, und außerdem die Spindel sich ohne zusätzlichen

Forschungsberichte des Wirtschafts- und Verkehrsministeriums Nordrhein-Westfalen

Maschine II

A b b i l d u n g 26

Auslaufkurve einer Produktionsdrehbank Spitzenhöhe 225 mm

Getriebestufe: n_{sp} = 224 UpM

Forschungsberichte des Wirtschafts- und Verkehrsministeriums Nordrhein-Westfalen

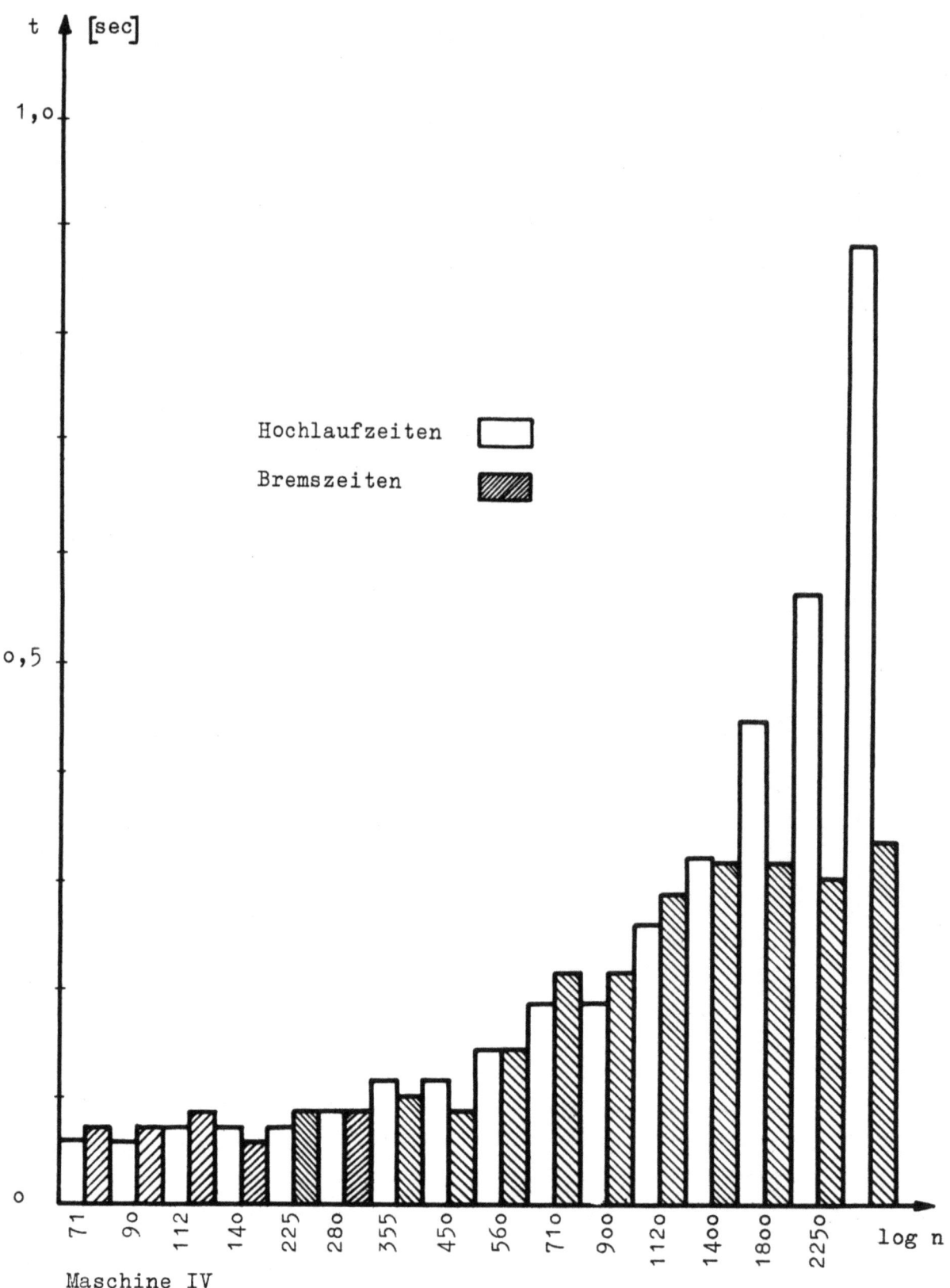

Abbildung 27
Hochlauf- und Bremszeiten einer Revolverdrehbank

Forschungsberichte des Wirtschafts- und Verkehrsministeriums Nordrhein Westfalen

Aufwand an Bauelementen abbremsen läßt. Für den Umsteuervorgang ergeben sich somit geringere Belastungsstöße, da sowohl beim Hochlauf als auch beim Bremsen nur ein Teil der Schwungmassen zu beschleunigen, bzw. zu verzögern ist. Hinzu kommt das relativ weiche Schalten der Lamellenkupplungen. Damit werden die Verhältnisse für den Antrieb hinsichtlich der Größe der zu installierenden Leistung und der zulässigen Schalthäufigkeit wesentlich günstiger.

Auf Einzelheiten der elektrischen Steuerung soll im Rahmen dieses Berichtes nicht eingegangen werden. Es ist jedoch von Interesse, zunächst festzustellen, in welcher Größenordnung die reinen Schaltzeiten liegen. Wie Abbildung 27 zeigt, sind auf den Stillstand der Spindel bezogen, die Hochlauf- und Bremszeiten der Maschine aufgetragen. Während bei den unteren Drehzahlen sich relativ geringe Zeiten ergeben (bis etwa 0,2 sec), wachsen diese mit höheren Geschwindigkeiten infolge der zunehmenden Schwungmomente stark an. Bei den hohen Getriebestufen erreichen die Hochlaufzeiten mehr als den doppelten Wert der Bremszeiten. Der Grund hierfür liegt darin, daß beim Hochlauf außer dem aufzubringenden Moment zur Beschleunigung der Schwungmassen noch das Moment zur Überwindung der Reibung hinzukommt, während beim Abbremsen das Reibungsmoment die Bremszeit verkürzt. Zu den aufgetragenen Ergebnissen ist zu bemerken, daß es sich hierbei um gemittelte Werte handelt, die nach oben und unten hin einen Streubereich von ca. 30 % haben können. Die Unterschiede sind darauf zurückzuführen, daß die Stellung der Kupplungslamellen im abgeschalteten Zustand und damit die Größe des Luftspaltes vom Zufall abhängt. Außerdem wird sich zwischen den Lamellen ein mehr oder weniger großer Ölfilm ausbilden.

In Abbildung 28 sind Hochlauf- und Bremszeiten dargestellt, die sich auf 4 verschiedene Grunddrehzahlen beziehen. Die Abszisse enthält die einzelnen Getriebestufen, während auf der Ordinate die Zeiten abzulesen sind, die sich beim Hochlauf bzw. beim Bremsen durch Kombination der verschiedenen Stufen mit den gewählten 4 Grunddrehzahlen ergeben. Ausgehend von den Grunddrehzahlen wurde dabei jeweils auf eine andere Getriebestufe umgeschaltet.

Eine etwas anders gewählte Darstellungsart der gemessenen Umsteuerzeiten zeigt Abbildung 29. In diesem Fall wurde die Getriebestufe 1120 min^{-1} zu Grunde gelegt. Auf der Ordinate sind die Drehzahlen, auf der Abszisse

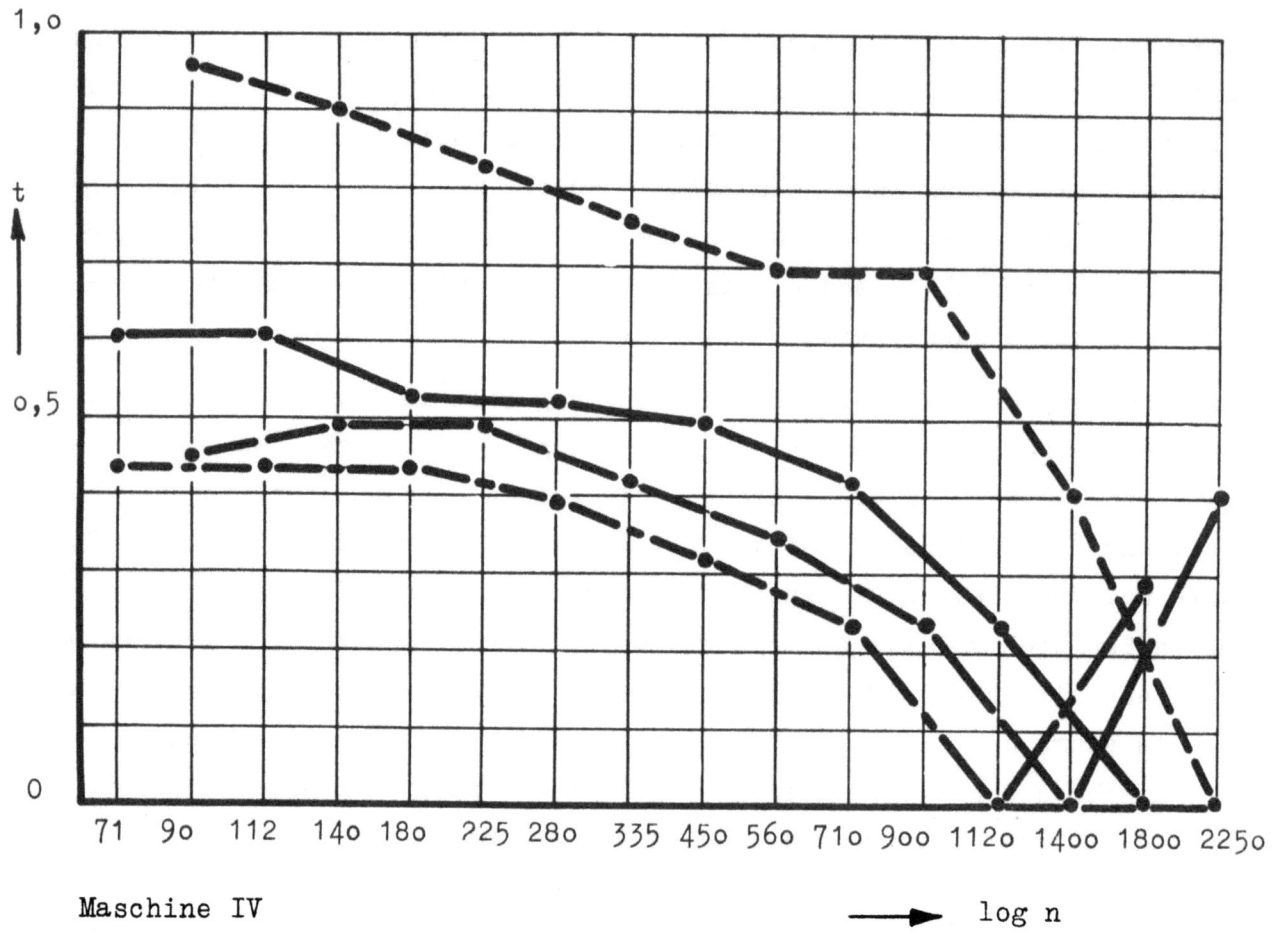

Abbildung 28
Hochlauf- und Bremszeiten einer
Revolverdrehbank bezogen auf

$n = 2250\ min^{-1}$ ● ─ ─ ● ─ ─ ●

$n = 1800\ min^{-1}$ ● ── ● ── ●

$n = 1400\ min^{-1}$ ● ─ ● ─ ●

$n = 1120\ min^{-1}$ ● ─ · ─ ● ─ · ─ ●

nach links die Hochlaufzeiten und nach rechts die Bremszeiten aufgetragen. In diesem Diagramm kennzeichnen die Geraden einerseits die Art des Schaltvorganges (Hochlauf auf eine höhere oder Abbremsen auf eine niedrigere Drehzahl), andererseits geben sie durch die Lage ihrer Endpunkte die Größe der jeweiligen Zeiten an.

Die ausgeführten Messungen zeigen, daß der Anteil der reinen Umsteuerzeiten gegenüber den Nebenzeiten, die sich beim Schalten des Revolverkopfes und beim Zurückfahren des Supportes ergeben, sehr gering ist.

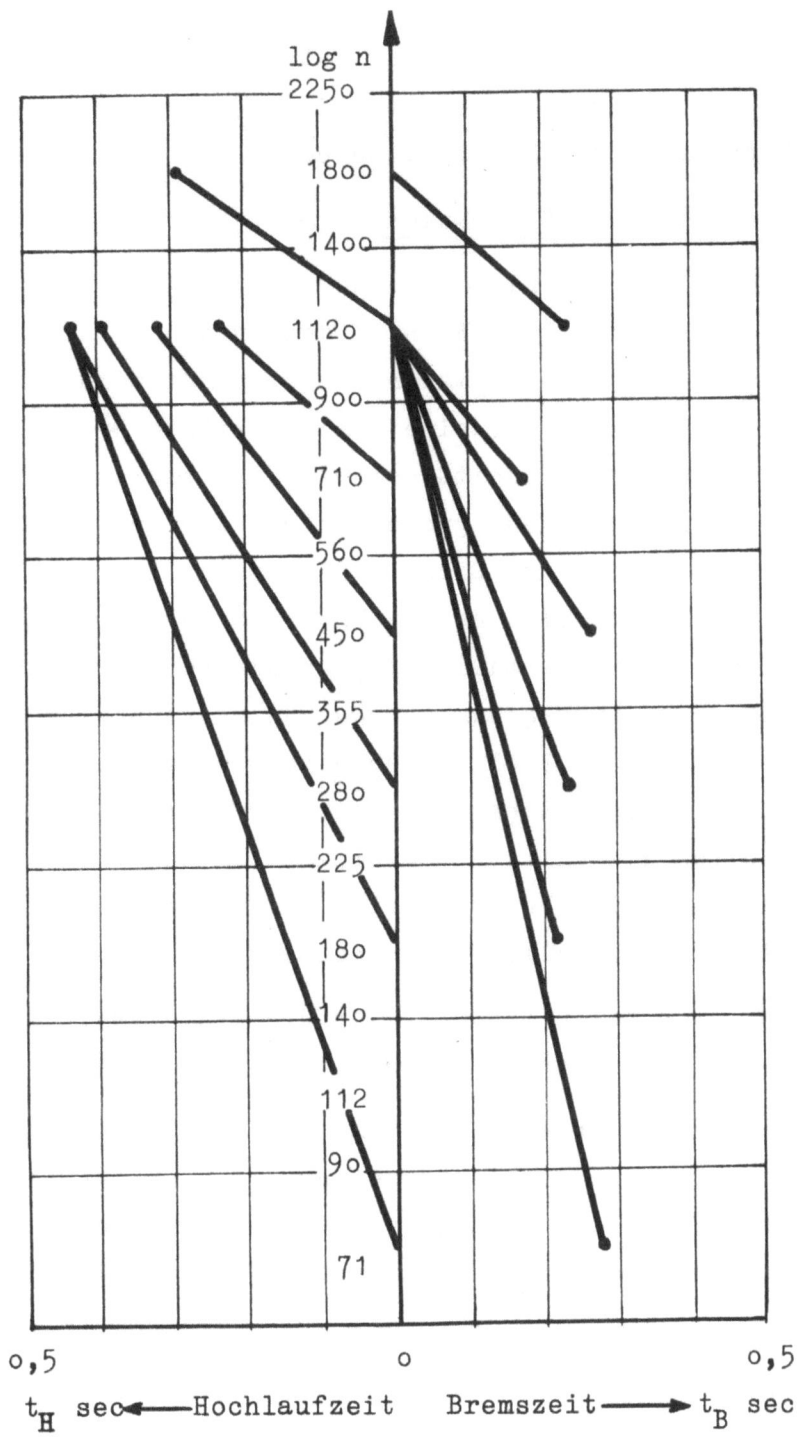

Maschine IV

Abbildung 29

Hochlauf- und Bremszeiten einer Revolverdrehbank
bezogen auf Grunddrehzahl
$n = 1120 \text{ min}^{-1}$

Die Möglichkeit der Vorwahl sowie einer automatischen Einstellung der gewünschten Drehzahlen in Abhängigkeit von der Revolverkopfstellung trägt erheblich zur Verkürzung der Nebenzeiten bei.

5. Wirkungsgradmessungen an Drehbänken

Für die Gestaltung einer Werkzeugmaschine ist die Kenntnis ihrer Leistungsgrößen von besonderer Bedeutung. Wenn in der Praxis im allgemeinen mit einem mittleren Wirkungsgrad der Maschine gerechnet wird, so kann diese Voraussetzung nur Gültigkeit für eine ganz bestimmte Drehzahl haben. Bei den heute angewandten hohen Schnittgeschwindigkeiten durch Einsatz von Hartmetall wird ein überraschend großer Anteil der Antriebsleistung zur Deckung von Verlusten benötigt. Diese Tatsache ist an sich bekannt, jedoch liegen bis auf vereinzelte neuere Untersuchungen (8) über die Größe der Verlustanteile kaum zahlenmäßige Ergebnisse vor. Es erschien deshalb angebracht, zunächst Wirkungsgradmessungen an ausgeführten Maschinen durchzuführen. Das meßtechnische Ziel dieser Untersuchung war die schaubildliche Darstellung einer Leistungsübersicht für mehrere Belastungsfälle. Die Ergebnisse sollen dazu dienen, Unterlagen zu schaffen und Richtlinien erkennen zu lassen, die über verschiedene Problemstellungen Aufschluß geben und zur Klärung folgender Fragen beitragen:

1) Größe der einzelnen Verlustanteile der Übertragungsglieder vom Antrieb bis zur Spindel (Motor und Getriebe).

2) Dimensionierung des Antriebes bei vorgegebener Zerspanungsleistung.

3) Erforderliche Maßnahmen zur Verbesserung der Konstruktion mit Hinweisen zur Erreichung eines günstigen Wirkungsgrades.

4) Zulässige Ausnutzbarkeit der Maschine für ihren Einsatz im Betrieb.

Die folgenden Ausführungen behandeln Untersuchungen, die an 3 verschiedenen Drehbanktypen für Hauptantriebe durchgeführt worden sind.

Zunächst wurde der Leistungsverbrauch (11) im Leerlauf für jede Getriebestufe aufgenommen, da die Leerlaufkennlinie eine der kennzeichnendsten Leistungslinien ist. In Abbildung 30 sind die Werte von den 3 untersuchten Drehbänken dargestellt. Auf der Abszisse sind die Drehzahlen der Hauptspindel, auf der Ordinate der Gesamtleistungsverbrauch getrennt nach Motor- und Getriebeverlustanteilen aufgetragen. Die zwischen den Punkten eingezeichneten Verbindungslinien dienen zur besseren Übersicht. Bei der Aufnahme dieser Kennlinien ist zu beachten, daß der Leistungsverbrauch in starkem Maße davon abhängig ist, ob die Maschine in kaltem oder betriebswarmem Zustand untersucht wird. Die im einzelnen angeführten Ergebnisse beziehen sich auf den betriebswarmen Zustand.

Im allgemeinen wachsen die Verluste mit zunehmender Drehzahl an. Da jedoch bei den einzelnen Stufen jeweils andere Räderpaare in Eingriff kommen, ist ein stetiger Anstieg der Verluste nicht bei allen Getriebestellungen zu verzeichnen. Es tritt sogar an verschiedenen Punkten ein Abfall auf. In jedem Sprung der Leerlauflinie drückt sich demnach schon eine gewisse Charakteristik des Getriebes aus. Den einzelnen Getriebeschaltungen entsprechen verschiedene Längen der Energie-Leitungswege vom Motor bis zur Spindel. Wenn man diese Unterschiede zu Grunde legt und vergleicht Drehzahlbild und Leerlauflinie miteinander, so läßt sich aus beiden Darstellungen eine gewisse übereinstimmende Tendenz erkennen. Das bedeutet, daß man bereits an Hand des Drehzahlschaubildes Aussagen darüber treffen kann, zwischen welchen Getriebeschaltungen Sprungstellen im Leerlaufdiagramm zu erwarten sind.

In Abbildung 3o kommt dies am deutlichsten bei der oberen Kennlinie (Maschine V) zum Ausdruck. Die Sprungstellen liegen in diesem Fall bei der 7., 13. und 19. Stufe (der Wert für Stufe 1 ist nicht eingetragen), also in einem Abstand von jeweils 6 Drehzahlen. Ähnlich liegen die Verhältnisse bei der Maschine II, nur sind die Sprungstellen (7., 13. Stufe) nicht so stark ausgeprägt. Zieht man das Drehzahlbild der letzteren Maschine zum Vergleich heran, so ergibt sich folgendes: Die Räderpaare der Wellen II, III und IV erlauben eine fortlaufende Erhöhung der Drehzahlen für 6 Stufen, wobei die Übersetzungsverhältnisse der nachgeschalteten Wellen V und VI jeweils konstant bleiben. Durch 3 weitere Kombinationsmöglichkeiten der Wellen IV, V und VI erhält man dann insgesamt 3 mal 6 Drehzahlen. Das Drehzahlbild der Maschine V, welches in diesem Bericht nicht erwähnt wurde, ist ähnlich aufgebaut. Wenn bei der Maschine I sich keine ausgeprägten Werte im Leerlaufdiagramm ergeben, obwohl diese gemäß dem Drehzahlbild (Abb. 18) zu erwarten sind, so mag das daran liegen, daß die Maschine älterer Bauart ist, und infolge jahrelanger starker Beanspruchung dadurch eindeutige Betriebszustände nicht mehr gegeben sind. Sind z.B. gewisse Mängel in einem Getriebe vorhanden, die sich in der Leerlauflinie durch einzelne stark abweichende Werte ausdrücken, so kann man unter Heranziehung des Drehzahlbildes mit großer Wahrscheinlichkeit sagen, daß die Gründe hierfür nicht konstruktiver sondern fabrikationstechnischer Natur sein müssen.

Aus den Leerlaufkennlinien läßt sich weiterhin ersehen, daß bei den unteren Stufen eine gewisse Konstanz liegt, während bei den hohen Drehzahlen ein merklicher Anstieg der Reibungsverluste erfolgt. Besonders fallen dabei die relativ großen Verluste der Maschine V auf.

Mit der Leerlauflinie werden lediglich die Verluste in Abhängigkeit von der Drehzahl im unbelasteten Zustand aufgezeigt. Wird von einer Maschine Nutzleistung abgenommen, so treten infolge höherer Zahndrücke und größerer Lagerbelastungen zusätzliche Reibungsverluste auf. Der nächste Schritt der Untersuchung führt demnach zwangsläufig dahin, durch laufende Erhöhung der Belastung für jede Getriebestufe die einzelnen Verlustanteile und Wirkungsgrade der Maschine zu ermitteln.

In Abbildung 31 sind für die Getriebestufe $n = 1220 \text{ min}^{-1}$ der Maschine I die einzelnen Verlustgrößen dargestellt. Auf der Abszisse ist die Nutzleistung aufgetragen, die mittels eines Prony-Zaumes an der Spindel abgenommen wurde. Dabei war es möglich, die abgebremste Leistung kontinuierlich zu erhöhen. Die Ordinate enthält den zu jeder Nutzleistung zugehörigen Gesamtleistungsverbrauch und den Wirkungsgrad. In diesem Diagramm treten als Anfangspunkte der Leistungslinien die entsprechenden Leerlaufwerte aus Abbildung 30 wieder auf. Bei der Trennung der gesamten Verlustanteile ergeben sich folgende Leistungs- und Wirkungsgradkennlinien: die Motorcharakteristik, die Charakteristik des gesamten Leistungsverbrauches und als Unterschied dieser Werte, die unmittelbar für die Maschine gültige Charakteristik. Letztere läßt sich wiederum aufteilen in: Nutzleistung, Leerlaufverluste und zusätzliche belastungsabhängige Reibungsverluste. Die Darstellungsart hat den Vorteil, daß sich in übersichtlicher Weise die verschiedenen Verlustanteile erkennen lassen. Der Zusammenhang der Kurven ist durch folgende Beziehungen gegeben:

$$\eta_{Ges.} = \eta_{Mot.} \cdot \eta_{Getr.} = \frac{N_{spindel}}{N_1}$$

$$\eta_{Mot.} = \frac{N_2}{N_1}$$

$$\eta_{Getr.} = \frac{N_{spindel}}{N_1}$$

$N_1 - N_2$ = Motorverluste

$V_{Getr.}$ = $V_{Leer} + V_{Reib.}$

N_2 = $V_{Getr.} + N_{spindel}$

$\eta_{Ges.}$ = Gesamtwirkungsgrad

$\eta_{Mot.}$ = Motorwirkungsgrad

$\eta_{Getr.}$ = Getriebewirkungsgrad

N_1 = aufgenommene Motorleistung

N_2 = abgegebene Motorleistung

$N_{spin.}$ = abgenommene Spindelleistung

$V_{Getr.}$ = Gesamtgetriebeverluste

V_{Leer} = Leerlaufverluste des Getriebes

$V_{Reib.}$ = zusätzliche Reibungsverluste des Getriebes.

Bei dem Diagramm fällt besonders auf, daß neben den normalen Motorverlusten, die durch Reibung hervorgerufenen Verluste gegenüber den Leerlaufverlusten relativ gering ist. Es sei in diesem Zusammenhang erwähnt, daß die Maschine I mit einem wälzgelagerten Getriebe ausgerüstet ist. Außerdem wurde die Maschine mit erhöhter Eingangsdrehzahl angetrieben (ca. 1,75 facher Wert der Nenndrehzahl eines 4-poligen Kurzschlußläufermotors). Daraus ergeben sich die unterschiedlichen Spindeldrehzahlen in Abbildung 18 u. 32.

Die Schaubilder der einzelnen Getriebestufen lassen sich in einer Gesamtleistungsübersicht der Maschine zusammenfassen. Abbildung 32 enthält den gesamten Leistungsverbrauch der Maschine I für 4 verschiedene Getriebestufen in Abhängigkeit von der Belastung und dem Wirkungsgrad.

Dabei entsprechen wiederum die Anfangswerte der Leistungslinien den Leerlaufverlusten gemäß Abbildung 30. Mit zunehmender Belastung zeigen die Leistungskurven zunächst leichte Krümmungen und gehen dann bei höheren Werten in Geraden über, die einen annähernd parallelen Verlauf nehmen. Während im unteren Drehzahlbereich die Zunahme der Leerlaufverluste relativ gering ist, wächst diese mit höheren Geschwindigkeiten erheblich an.

Forschungsberichte des Wirtschafts- und Verkehrsministeriums Nordrhein-Westfalen

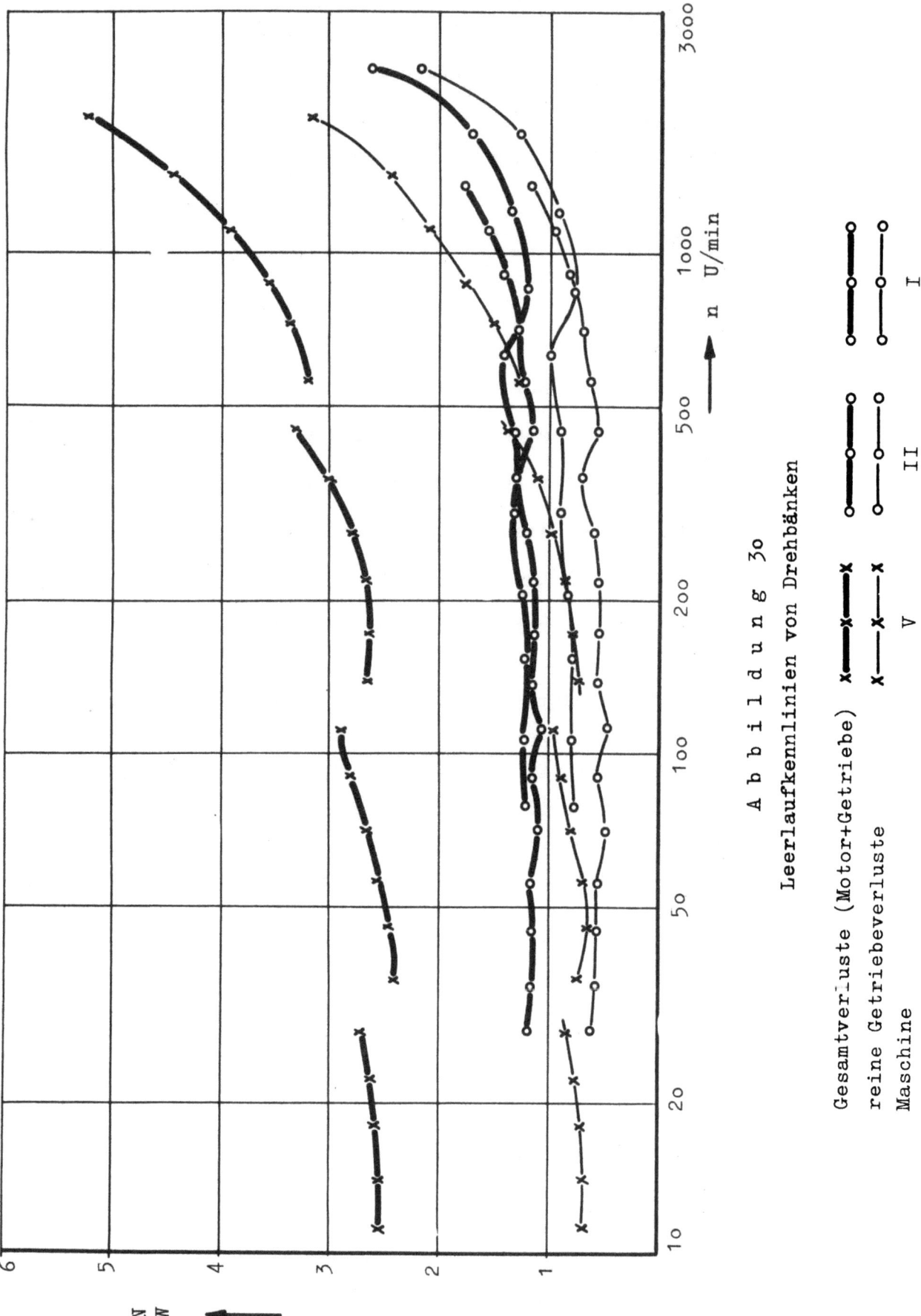

Abbildung 30
Leerlaufkennlinien von Drehbänken

Forschungsberichte des Wirtschafts- und Verkehrsministeriums Nordrhein Westfalen

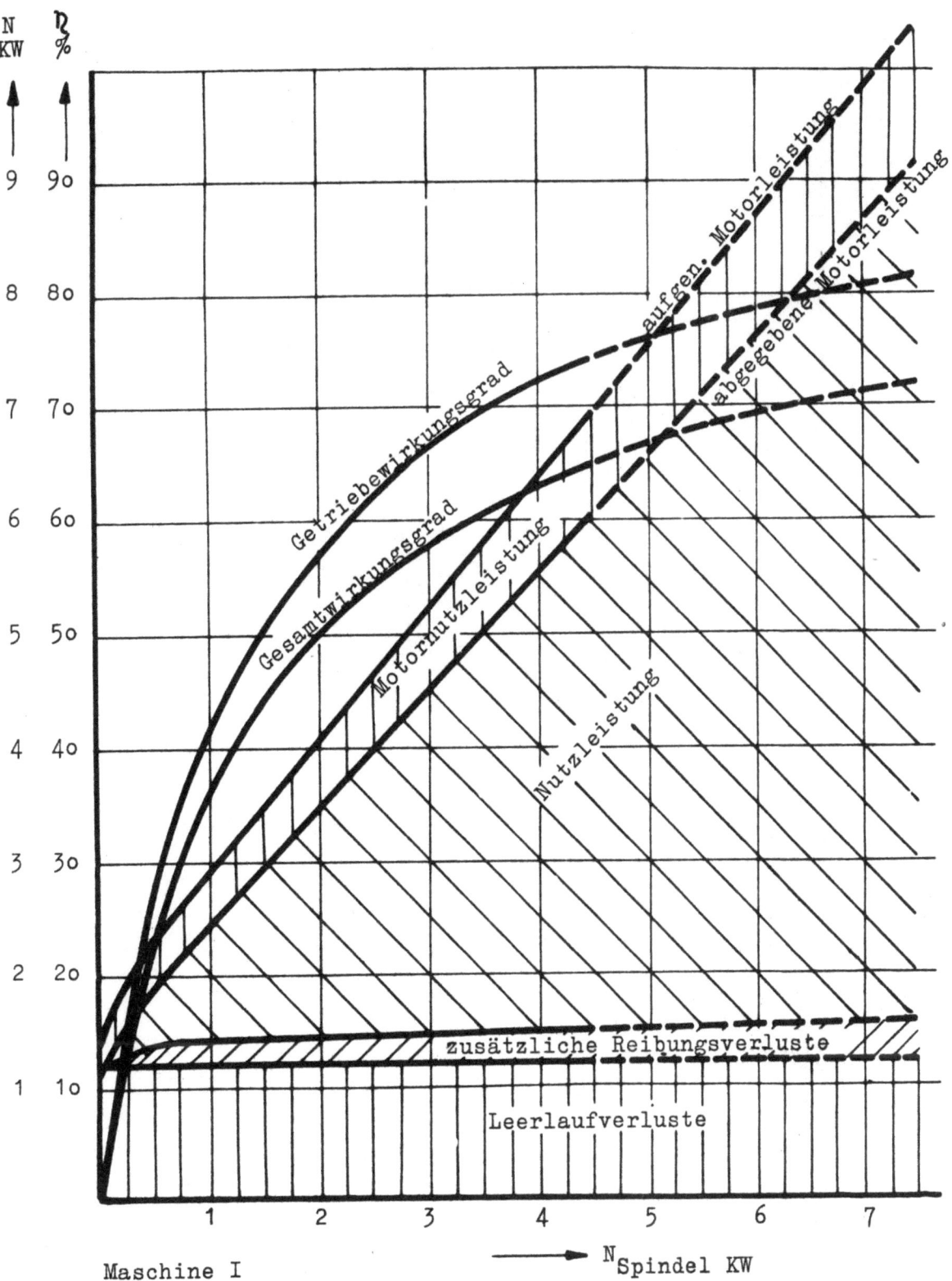

Abbildung 31
Leistungs- und Wirkungsgraddiagramm
einer Drehbank für 1 Getriebestufe
Spindeldrehzahl $n = 1220\ min^{-1} = const$

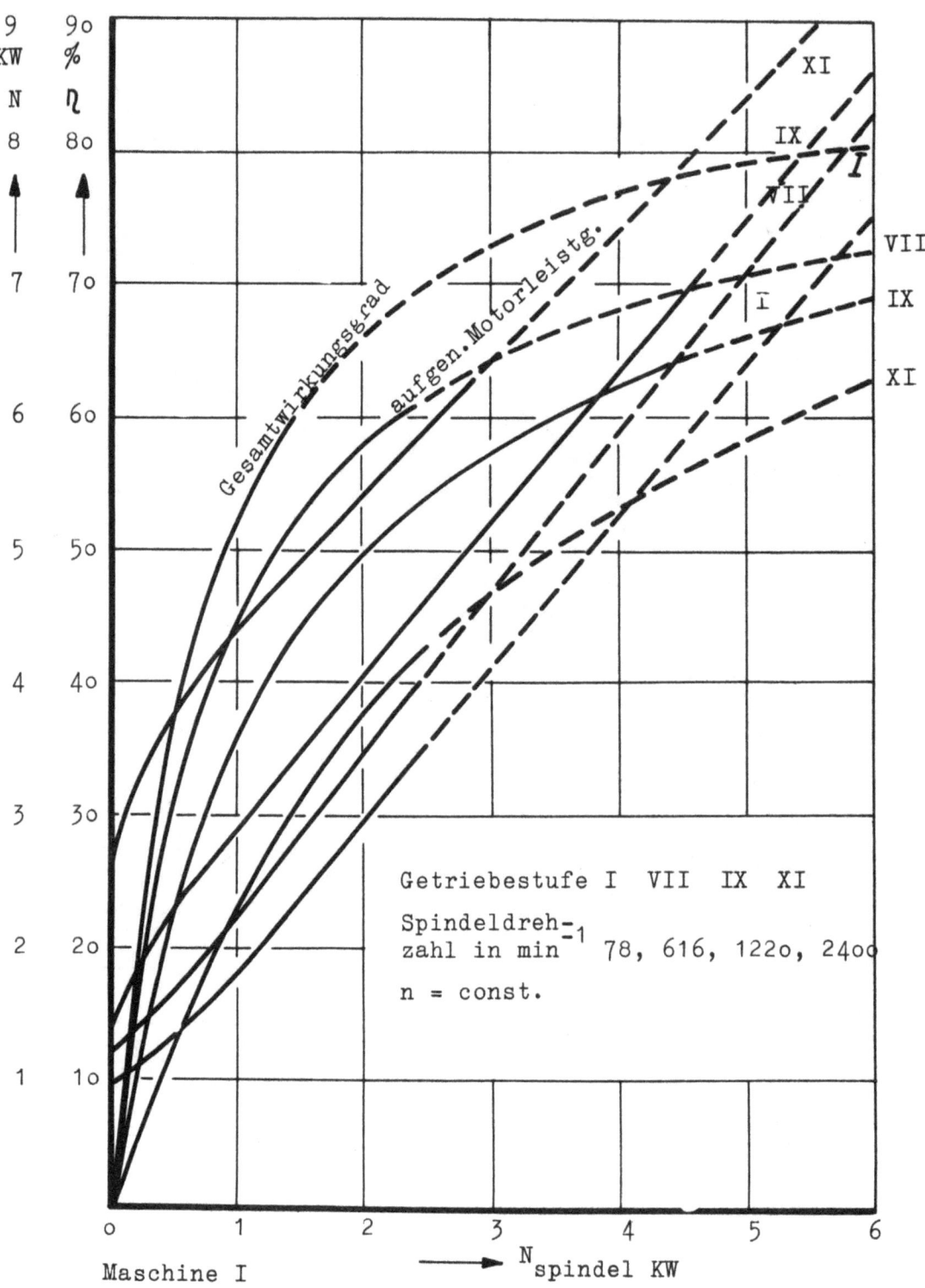

Abbildung 32
Leistungs- und Wirkungsgraddiagramm einer Drehbank

In Abbildung 33 sind für 3 verschiedene Drehzahlen die prozentualen Verlustanteile bei Vollast und bei Halblast schematisch dargestellt. Man erkennt den überraschend großen Anteil der Getriebeverluste bei der Drehzahl 2400 min^{-1}, d.h. von der gesamten installierten Leistung stehen weniger als 50 % für Zerspanungsarbeit zur Verfügung. Noch ungünstiger liegen die Verhältnisse bei halbbelasteter Maschine (3,5 KW). In diesem Fall entfallen auf die reine Nutzbarkeit etwa 16 %, während die restlichen 84 % zur Deckung der Motor- und Getriebeverluste benötigt werden.

In den Abbildungen 34 und 35 sind die Leistungs- und Wirkungsgradmessungen der Maschine II aufgetragen. Auch hier liegen ähnliche Verhältnisse vor wie bei Maschine I. Bei dieser Maschine fallen ebenfalls die grossen Verlustanteile bei der höchsten Drehzahl auf.

Noch extremere Werte ergeben sich bei den Untersuchungen der Maschine V, wie die Abbildung 36 zeigt. Im Leerlauf werden bereits für die Drehzahlstufe 1800 min^{-1} (Getriebestufe 24) über 5 KW benötigt. Die Leistungslinie steigt zunächst sehr steil an und verläuft dann mit zunehmender Belastung annähernd parallel zu den übrigen Kurven. Am deutlichsten lassen sich die Verhältnisse übersehen, wenn man für jede Getriebestufe mehrere, aber jeweils gleich große Belastungsfälle zu Grunde legt und einen Gesamtleistungs- und Wirkungsgradvergleich durchführt.

In Abbildung 37 sind für Nutzleistung von 1; 3 und 5 KW zu jeder Drehzahl die entsprechenden Werte der aufgenommenen Motorleistung und die zugehörigen Gesamtwirkungsgrade dargestellt. Bei dieser Maschine fallen bei der höchsten Drehzahl (1800 min^{-1}) die großen Verlustanteile ganz besonders stark ins Gewicht. Während bei Vollast (5 KW Nutzleistung) der Gesamtwirkungsgrad bereits unter 40 % liegt, verschlechtern sich die Verhältnisse noch erheblicher, wenn die Maschine nur mit 1 KW belastet wird. Das bedeutet im letzteren Fall, daß etwa 10 KW installiert werden müssen, um 1 KW für die Zerspanungsarbeit zur Verfügung zu haben. Die restlichen 9 KW entfallen auf die Verlustanteile der einzelnen Übertragungglieder. Sie werden in Wärme umgesetzt. Bei der Durchführung der Versuche war eine erhebliche Erwärmung des Getriebes, vor allem der Spindel, festzustellen.

Aus den Meßergebnissen geht eindeutig hervor, daß bei den untersuchten Maschinen in Anbetracht der unterschiedlichen Verlustanteile für die

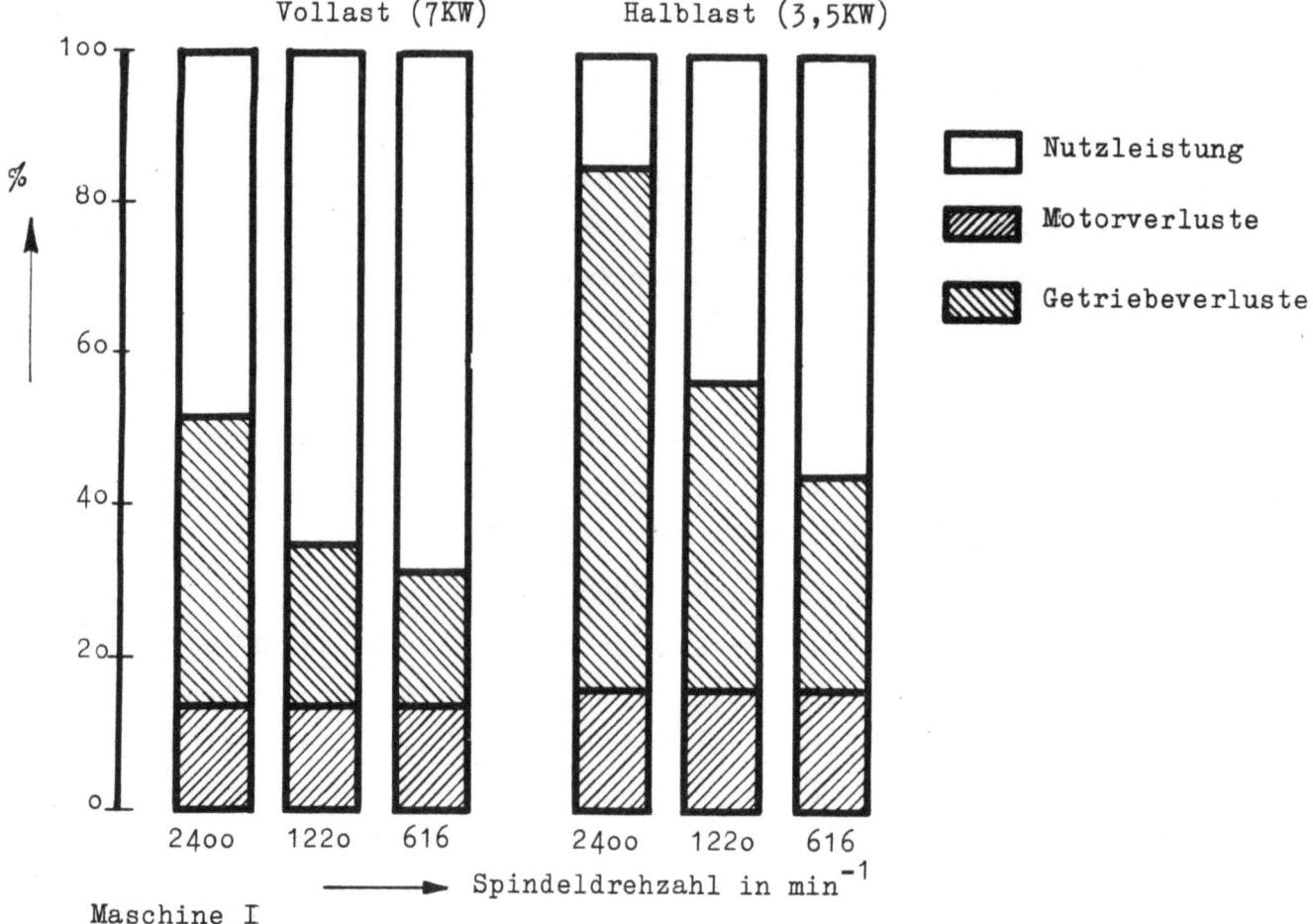

Abbildung 33
Prozentuale Aufteilung der Verlustanteile bei einer
Stufendrehbank für 3 verschiedene Stufen

einzelnen Getriebestufen man nicht generell mit einem mittleren Wirkungsgrad rechnen darf. Alle drei Drehbänke zeigen als Charakteristikum überraschend große Verlustleistungen bei hohen Drehzahlen, wobei allein die Getriebeverluste bei Vollast 40 % und mehr der Gesamtleistung betragen. Die Lage der Leistungs- und Wirkungsgradlinien hängt im wesentlichen von der zahlenmäßigen Größe der Leerlaufverluste ab, während der Einfluß der zusätzlichen Reibungsverluste relativ gering ist.

Wenn die durchgeführten Untersuchungen Anhaltspunkte zu den eingangs aufgeworfenen Fragen 1, 2 und 4 erkennen lassen, so können zu dem Problem notwendiger konstruktiver Verbesserungen (Frage 3) ohne weiteres keine Aussagen gemacht werden. Hierzu wäre es erforderlich, die innerhalb des Getriebes auftretenden Verlustanteile im einzelnen zu ermitteln. Auf

Grund der in Abschnitt 5 aufgezeigten Ergebnisse ist zu vermuten, daß auch bei Drehbänken die Hauptverluste durch die Spindel verursacht werden. Derartige Messungen sollen Gegenstand weiterer Untersuchungen sein.

IX. Statistische Untersuchung von Fertigungsvorgängen

Ermöglichen die im vorigen Abschnitt behandelten Messungen an Maschinen die zahlenmäßigen Angaben der Größen, wie Schwungmoment, Wirkungsgrad usw., so kann damit nur ein Teil der anhängigen Fragen für die Projektierung neuzeitlicher Antriebe beantwortet werden. Wie die Messungen der Steuervorgänge am Automaten gezeigt haben, ist die Beanspruchung des Antriebes sowohl von der stationären Belastung als auch von der Häufigkeit und Größe der dynamischen Laststöße abhängig. Die Größe dieser Umsteuerarbeiten richtet sich nach den jeweiligen Schwungmomenten und Reibungsverlusten. Die bezogenen Schwungmomente steigen mit wachsenden Drehzahlen an, ebenso die Reibungsverluste, wie aus den immer schlechter werdenden Wirkungsgraden hervorgeht. Damit erhebt sich die Frage, wie oft derartige Laststöße auftreten können und, um Schlüsse auf die Größe der jeweiligen Umsteuerarbeiten ziehen zu können, welche Drehzahlen vorwiegend verwendet werden.

Die Antwort hierauf kann nur aus der Fertigung selbst ermittelt werden. Die Fertigungsaufgaben sind naturgemäß außerordentlich vielfältig. Infolgedessen ist es bisher kaum möglich gewesen, hierzu Zahlenangaben zu machen. Derartige Angaben können praktisch nur durch Messungen in großer Anzahl statistisch ermittelt werden.

Für die geregelten Antriebe ist die Beantwortung dieser Frage nicht von derartig entscheidender Bedeutung. Ihre Strombegrenzung läßt einfach keine Überlastung des Antriebes zu, dafür wachsen allerdings die Umsteuerzeiten. Jedoch steigen die Preise geregelter Antriebe erheblich mit den an sie gestellten Forderungen. Deshalb lauten hier die Fragen:

1. Welche Leistungen werden Regelantrieben tatsächlich stationär abverlangt, nachdem Laststöße durch Umsteuervorgänge nicht mehr auftreten können?

2. Liegt der Wunsch nach stufenloser Verstellung vor, so sind dennoch aus Preisgründen Vorgelegestufen nötig. Wieviele Stufen und in welchen Bereichen wären sie hier zweckmäßig?

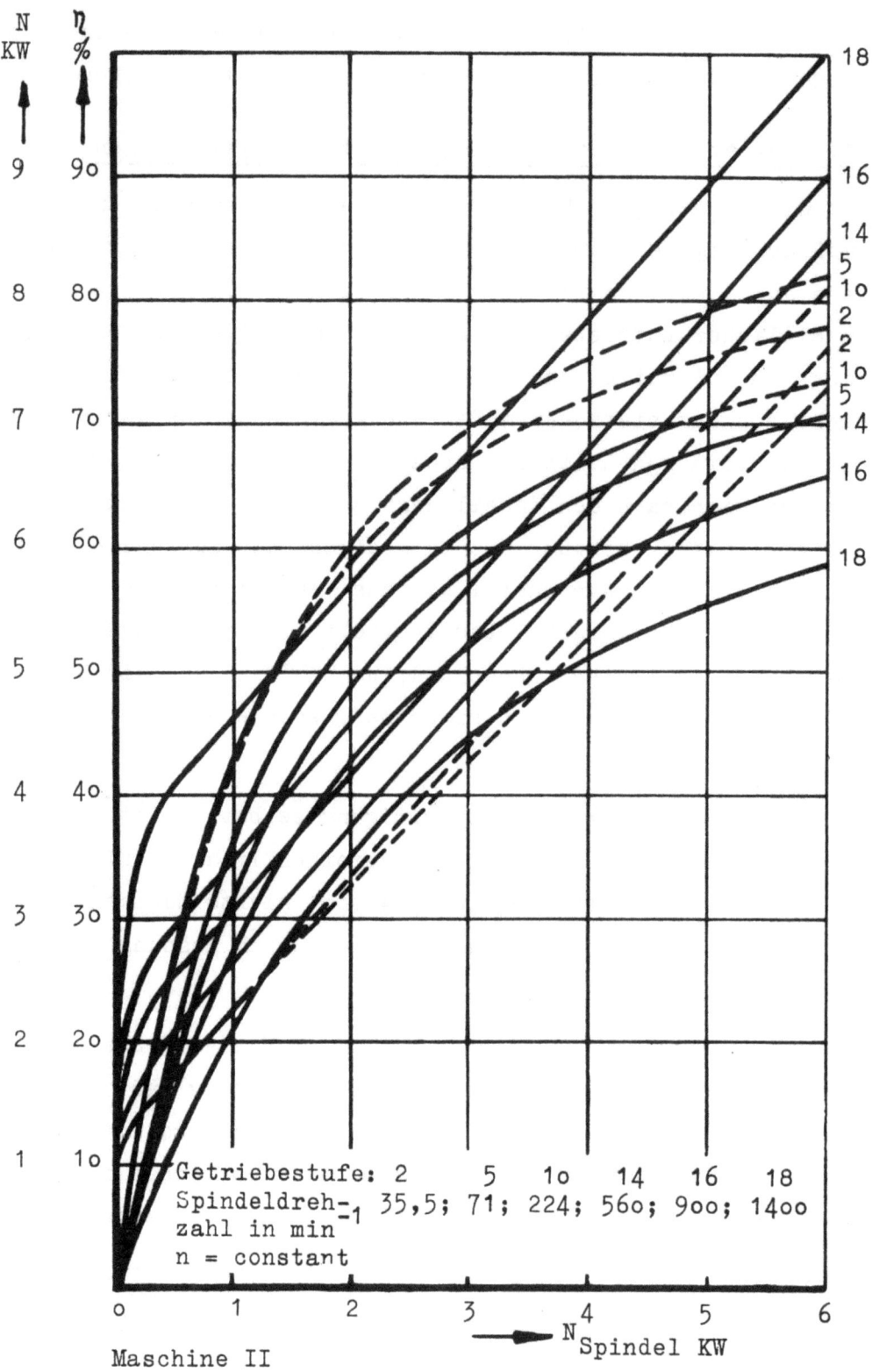

Abbildung 34
Leistungs- und Wirkungsgraddiagramm
einer Drehbank

Forschungsberichte des Wirtschafts- und Verkehrsministeriums Nordrhein Westfalen

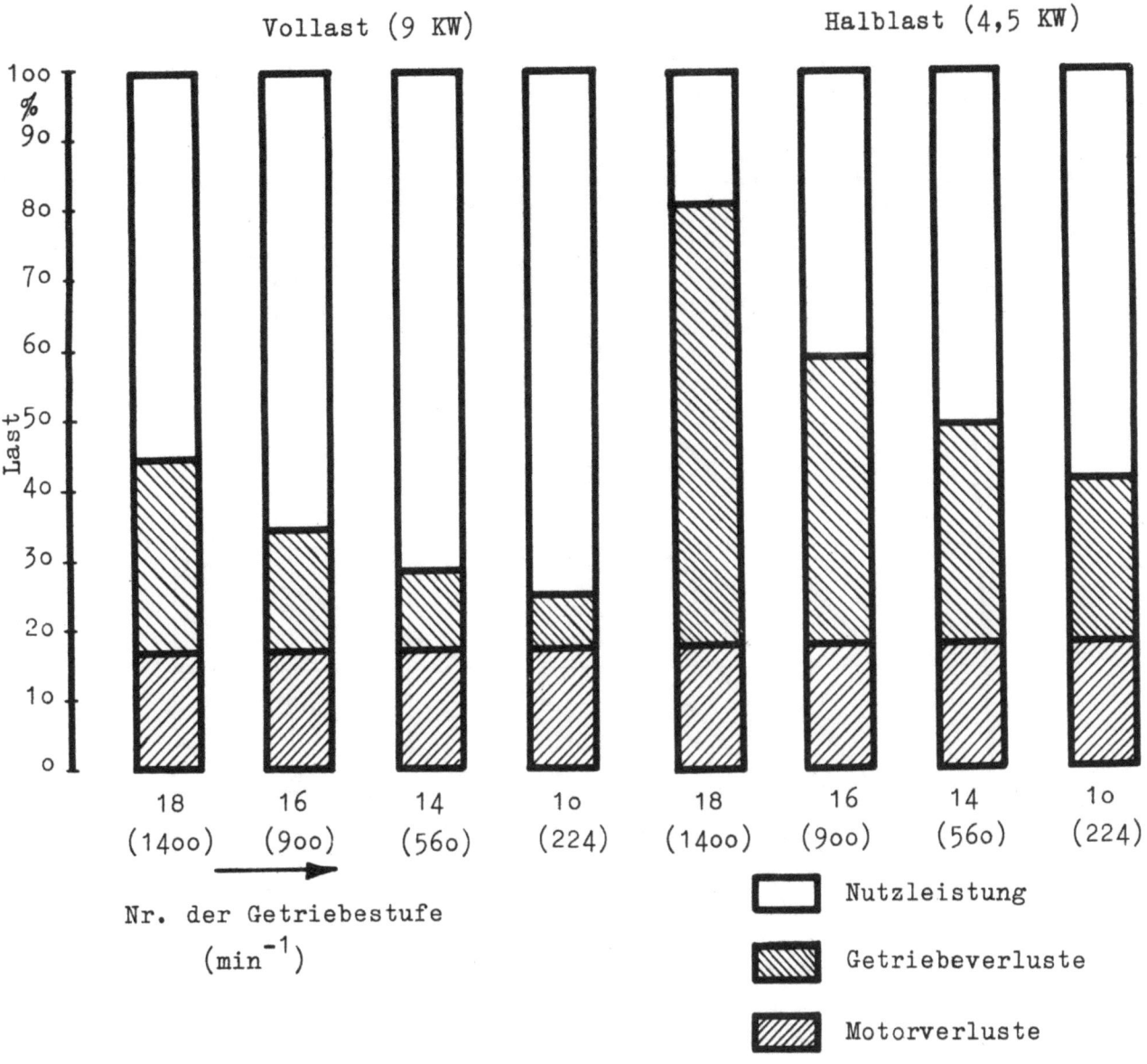

Abbildung 35

Prozentuale Aufteilung der Verluste bei einer Stufendrehbank für verschiedene Stufen

3. Wann ist ein geregelter Antrieb vorteilhaft? Er lohnt sich nur bei bestimmten Fertigungsaufgaben, da er sich überwiegend in den Hauptzeiten auswirkt. Wie liegt aber in der Praxis das Vernältnis der Haupt- zu den Nebenzeiten?

Über diese Fragen des stufenlosen Verstellantriebes und auch des geregelten Antriebes ist häufig diskutiert worden. Eine Vielzahl von Einzelproblemen ist hierfür maßgebend.

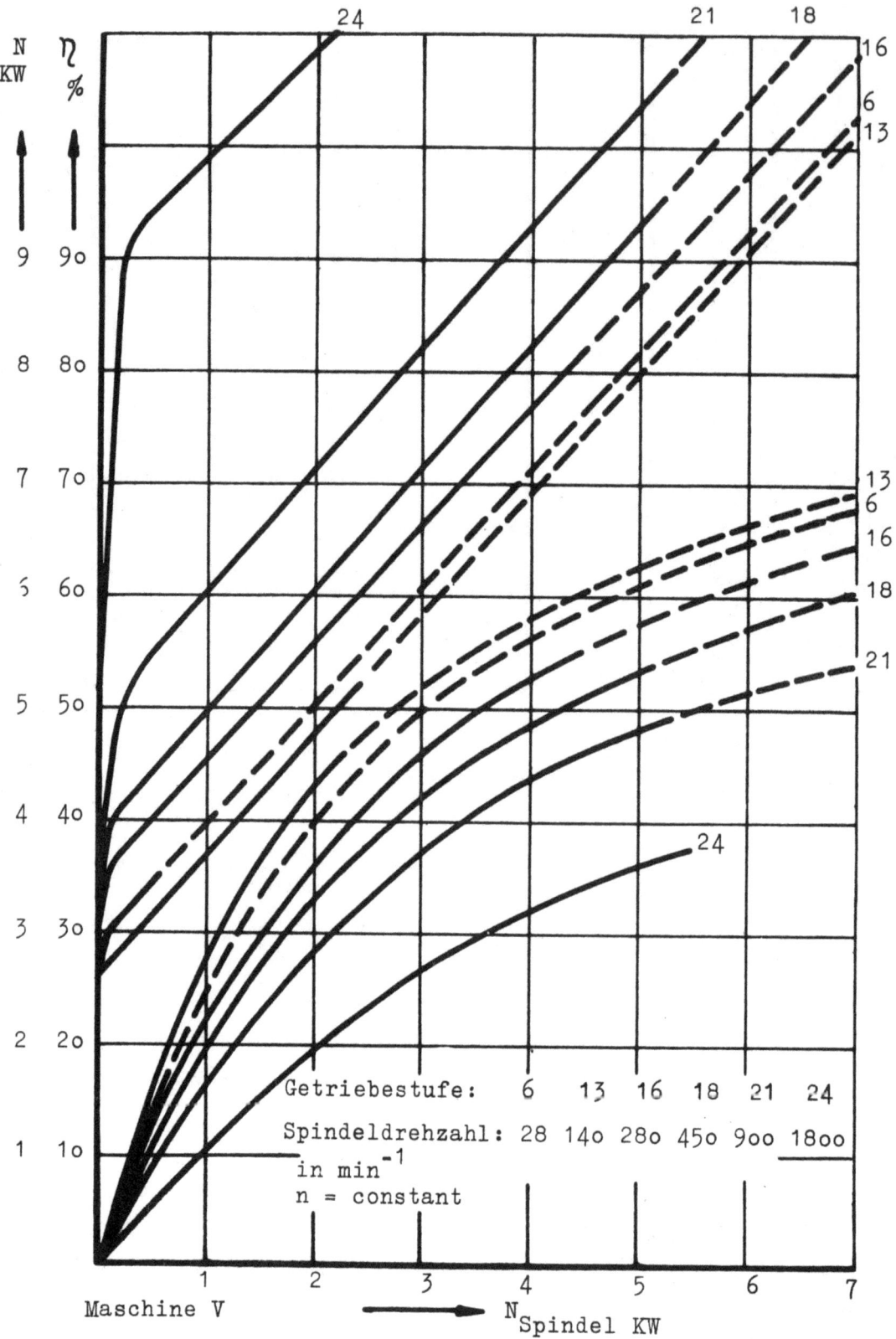

Abbildung 36

Leistungs- und Wirkungsgraddiagramm einer Drehbank

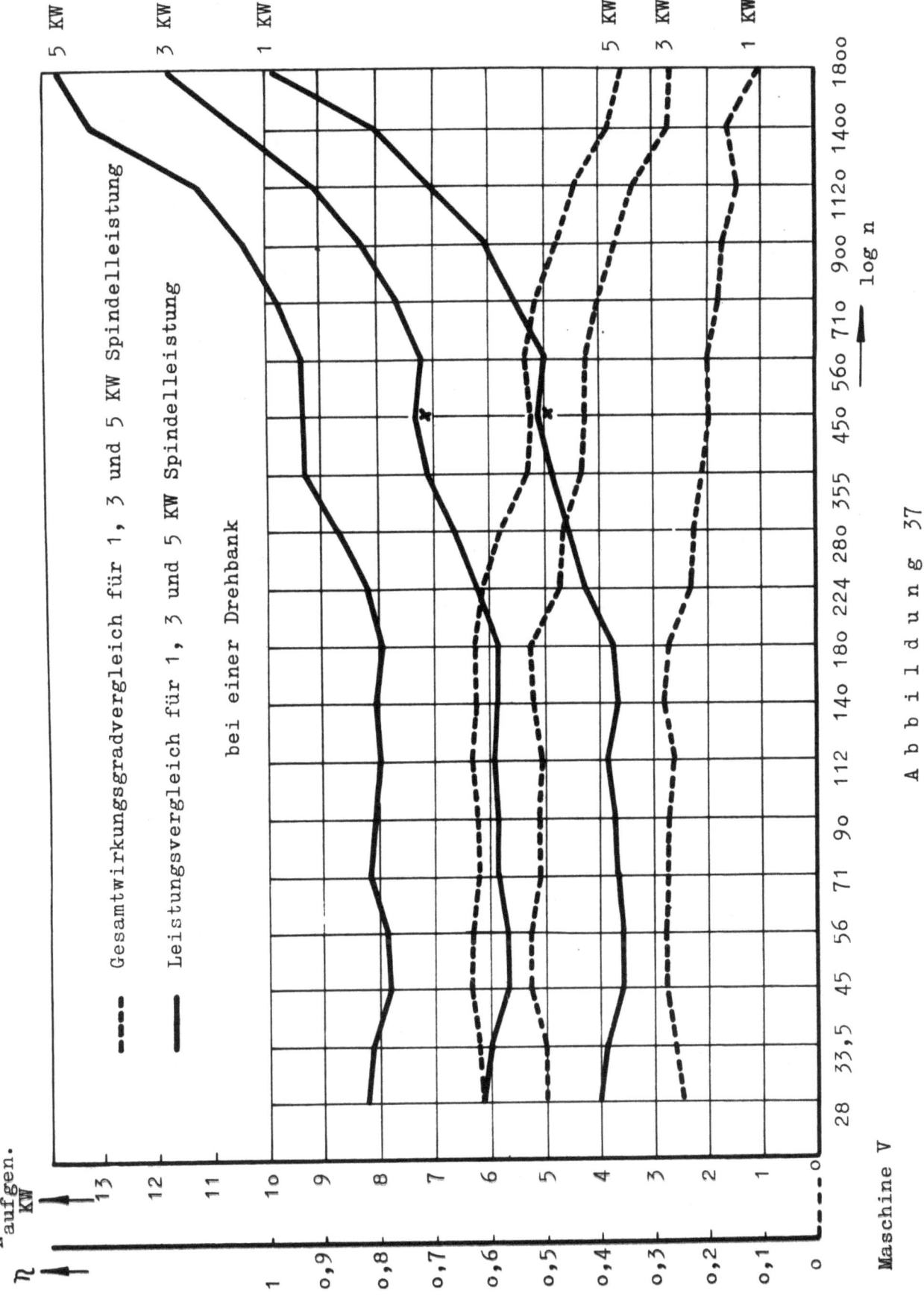

Abbildung 37

Vielfach sind es die gleichen, die auch bestimmend für die Konstruktion gestufter Antriebe sind. Sie seien deshalb in großen Zügen hier kurz umrissen.

Vorgegeben sind Typengrößen und Schnittgeschwindigkeit. Aus dem kleinsten Drehdurchmesser und größter Schnittgeschwindigkeit folgt die obere Drehzahlgrenze und umgekehrt die untere. Die Stufung sollte möglichst fein sein. Dazu gibt es genormte Drehzahlreihen, eine streng mathematische Ordnung von Stufen, deren prozentualer Drehzahlunterschied immer gleich ist und die möglichst dekadisch Vielfache bilden. Außerdem wird im gesamten Bereich konstante Leistung für die Zerspanung angestrebt. Daraus folgen die Drehmomente, wachsend mit sinkenden Drehzahlen. Das Ganze wird dann wiederum wegen des Preises reduziert.

Drehzahl- und Typenreihen sind streng mathematisch entwickelt und in der Norm festgelegt. Daneben bleiben aber noch eine Anzahl von Einflußgrößen wählbar:

1. größte Drehzahl n_{max}
2. kleinste Drehzahl n_{min}
3. der Stufensprung φ
4. die Leistung N
5. der Knickpunkt zwischen konstanter Leistung und konstantem Moment für die kleineren Drehzahlen.

Diese rein technischen Größen werden noch von weiteren, mehr kaufmännischen Gesichtspunkten beeinflußt:

6. Kundenwünsche und
7. Preisfragen.

Für alle diese Größen konnte noch kein gesetzmäßiger Zusammenhang gefunden werden. Jede dieser Größen ist vielmehr von einer Vielzahl weiterer Einflußgrößen abhängig. So wird z.B. die Schnittgeschwindigkeit einmal von der Fertigungsaufgabe beeinflußt (Schlichten und Schruppen). Dazu kommen die vielfältigen Kombinationsmöglichkeiten der Paarung Werkstoff - Werkzeug. Ähnlich vielfältig liegen die Verhältnisse für die anderen Grössen. Bisher waren die Konstrukteure gezwungen, sämtliche Probleme der Erfahrung nach sorgfältig abzuwägen und der Konstruktion des Spindelkastens gestufter Antriebe zu Grunde zu legen.

Forschungsberichte des Wirtschafts- und Verkehrsministeriums Nordrhein Westfalen

Mit der Einführung der geregelten Antriebe traten diese und neue Fragen entscheidend hervor. Der Preis, aber auch Platzbedarf und wachsende Empfindlichkeit zwingen zur optimalen Auslegung derartiger Einrichtungen. Wo aber dieses Optimum wirklich liegt, vermag niemand mehr anzugeben. Weder der Maschinenbauer noch der Elektrotechniker ist heute in der Lage, hierzu sämtliche Probleme allein aus der Erfahrung zu übersehen. Immer neue Fragen wurden aufgeworfen, ihre Bedeutung konnte aber nicht zahlenmäßig erfaßt werden.

Es ist nun der Versuch gemacht worden, aus den Produkten der Erfahrungen des Werkzeugmaschinenbaues, den Werkzeugmaschinen selbst, eine Übersicht zu gewinnen und vielleicht auch eine Gesetzmäßigkeit zu finden. Dazu wurde aus den Unterlagen der Werkzeugmaschinenmesse in Hannover eine Statistik zusammengetragen, die die Leistungen und Drehzahlbereiche von Drehbänken in Abhängigkeit von der Spitzenhöhe enthält.

Abbildung 38 zeigt links die installierten Leistungen, rechts die Drehzahlbereiche, während auf der Ordinate die verschiedenen Drehbänke der Reihe nach entsprechend ihrer Spitzenhöhe aufgetragen wurden.

In dem Diagramm fällt auf, daß bei Drehbänken gleicher Größe sehr unterschiedliche Leistungen vorgesehen sind. So ist z.B. bei den Bänken mit 300 mm Spitzenhöhe einmal ein 4 KW-Motor, zum anderen einer von 18 KW verwendet worden. Die installierten Leistungen schwanken somit im Verhältnis 1 : 6. Bei den Maschinen mit 250 mm Spitzenhöhe beträgt dieses Verhältnis 1 : 3. Ähnlich krasse Unterschiede zeigen sich bei den Drehzahlbereichen.

Die genauere Untersuchung der Ursachen solcher Differenzen zeigt, daß man derartige Statistiken erweitern muß, um nicht durch unterschiedliche Fertigungsaufgaben zu Fehlschlüssen zu gelangen. Deshalb wurde die statistische Darstellung des Drehbankprogramms 1953 auf weitere Einzelheiten ausgedehnt.

Abbildung 39 gibt die Verhältnisse bei den kleineren Drehbanktypen wieder. Die dunkel angelegten Drehzahlbereiche kennzeichnen Bänke mit stufenlosem Antrieb. Anstelle der Spitzenhöhe wurde, wenn nötig, die Hälfte des max. Drehdurchmessers zu Grunde gelegt. Die Zahlen in der Mitte der Drehzahlbereiche sind Kennziffern von Maschinenkarten, die weitere Einzelheiten enthalten.

Forschungsberichte des Wirtschafts- und Verkehrsministeriums Nordrhein Westfalen

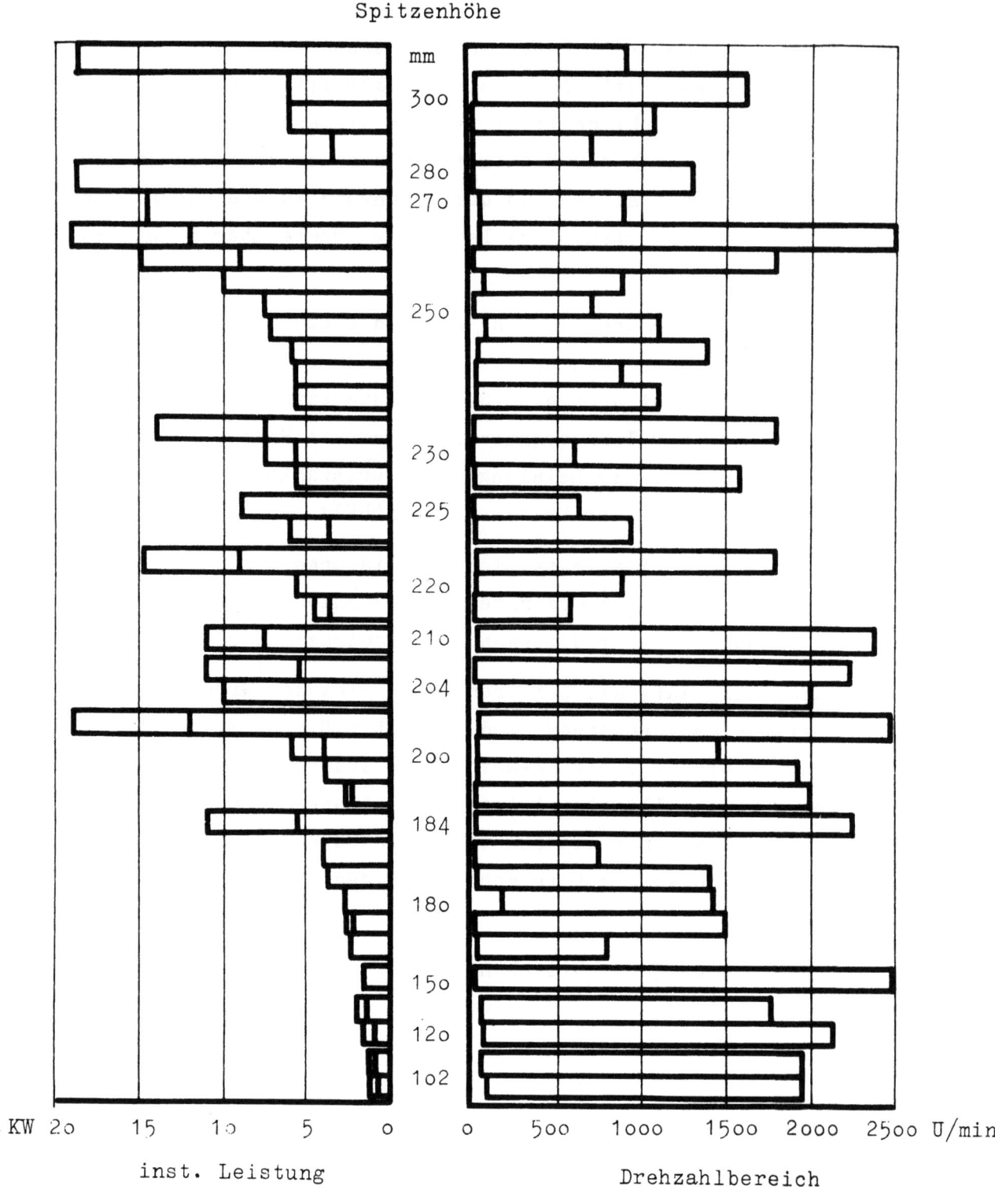

Abbildung 38
Drehbänke 1952

Diese Aufstellung der Statistik ermöglichte bereits eine weitergehende Übersicht über die Tendenzen, die sich aus den Fertigungsaufgaben ergeben. Darüberhinaus zeigt sich, daß die Streuungen zunehmen, je mehr Firmen an den einzelnen Typen beteiligt sind.

Abbildung 40 weist bei den Großdrehbänken im Bereich von 400 - 700 mm Spitzenhöhe (1/2 Drehdurchmesser) eine gewisse Einheitlichkeit auf, und zwar besonders in der installierten Leistung. An dieser Reihe von Typen sind nur drei namhafte Firmen beteiligt. Noch ausgeprägter ist die Tendenz bei den Plan- und Karuselldrehbänken in Abbildung 41.

Neben diesen Erkenntnissen bieten die statistischen Darstellungen beim eingehenden Studium eine recht gute Übersicht zu den Problemen, die sich aus den Fertigungsaufgaben für den Hauptantrieb ergeben. Bei den Maschinen mit ausgesprochen kleinem Drehzahlbereich handelt es sich z.B. um Walzendrehbänke.

Häufig sind auch unterschiedlichste Kundenwünsche zu berücksichtigen. Das führt zu großen Bereichen, wenn man, ohne Sondermaschinen bauen zu müssen, möglichst allen Forderungen gerecht werden will. Die hiermit verbundenen Nachteile werden, im Gegensatz zu den Vorteilen, erst durch komplizierte Meßmethoden im vollen Umfang aufgedeckt. Entsprechend wenig sind sie geläufig und werden damit leicht unterschätzt.

Extrem hohe Drehzahlen führen zu sehr niedrigen Wirkungsgraden. Sie folgen vor allem aus den hohen Anforderungen, die an die Spindellagerungen gestellt werden. Die großen Reibungsverluste müssen schließlich zu schädlichen Wärmeentwicklungen führen. Damit werden extrem hohe Drehzahlen praktisch illusorisch und vielleicht auch nie benutzt.

Hinzu kommen bei Steuervorgängen die schon erläuterten dynamischen Auswirkungen schlechter Wirkungsgrade, ganz abgesehen davon, daß mit übermäßig vielen Stufen auch sehr viele und meist hochtourig laufende Teile verbunden sind. Mit ihnen wächst das "bezogene" Schwungmoment ganz erheblich an.

Auch beim Einsatz geregelter Antriebe an Maschinen mit extrem hohen Drehzahlen sinkt die nutzbare Leistung mit schlechteren Wirkungsgraden direkt ab. Die Antriebe müssen größer gewählt werden. Damit steigen die Preise für diese Antriebe erheblich.

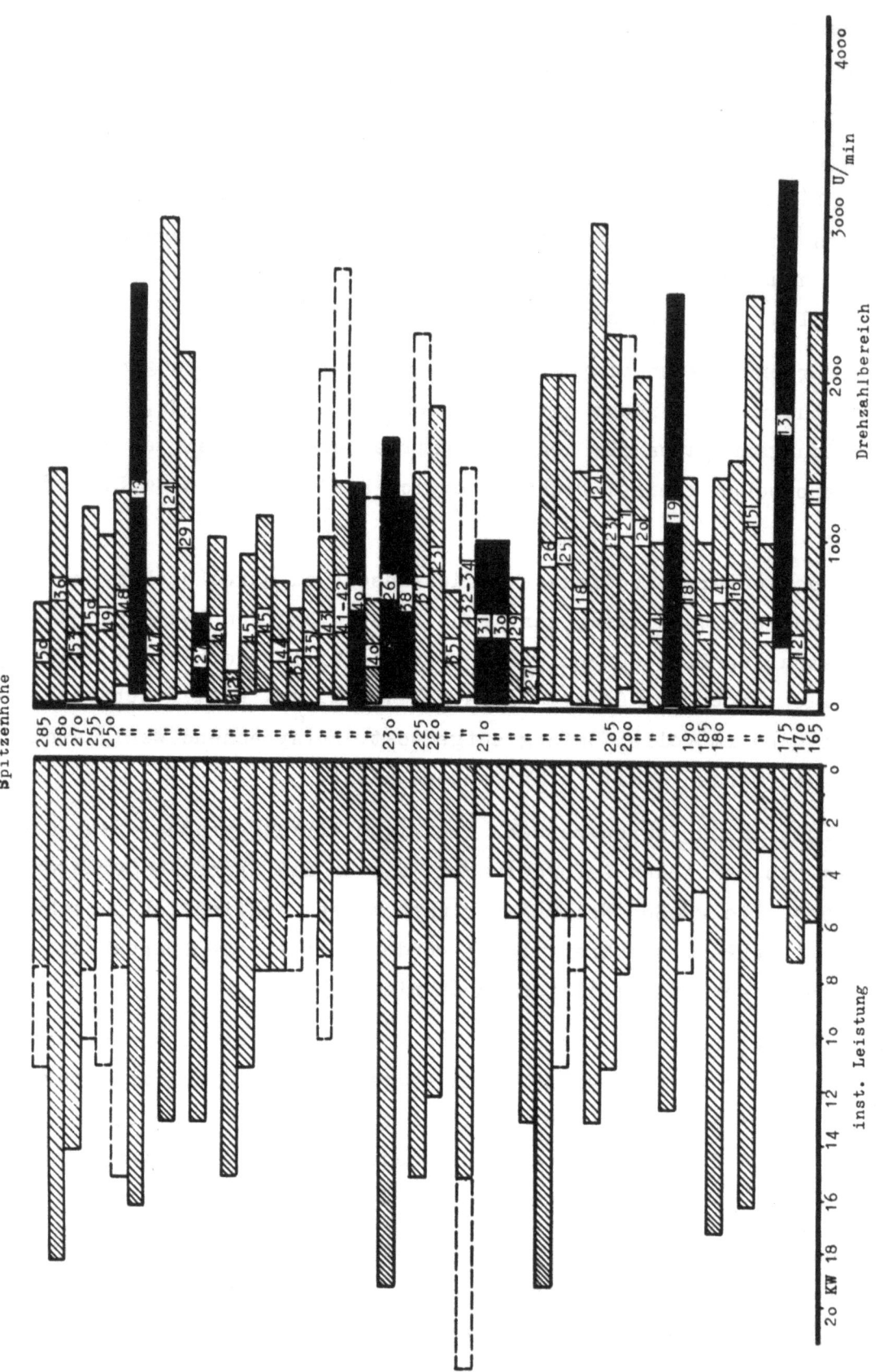

Abbildung 39
Drehbänke 1953

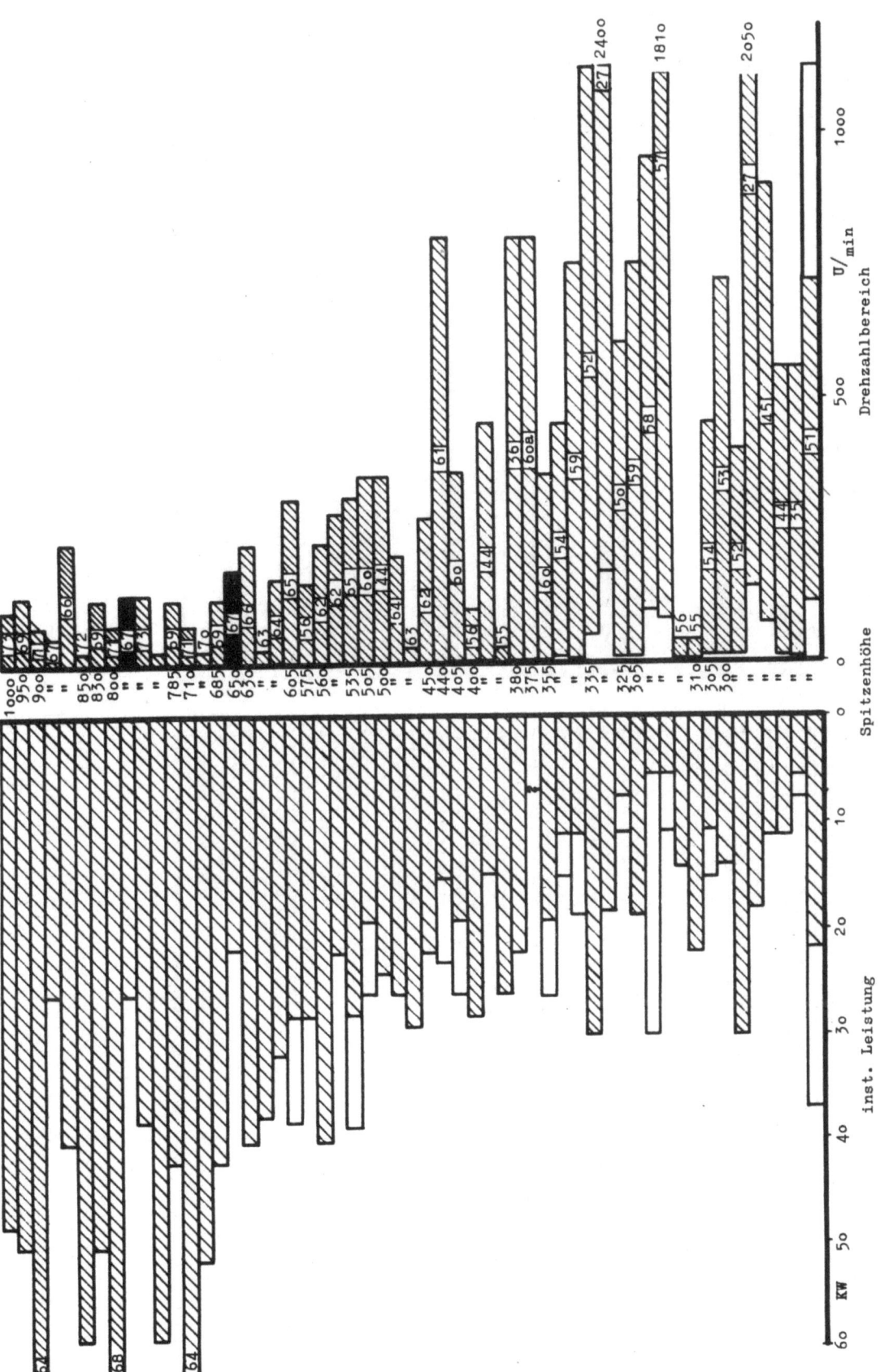

Abbildung 40
Groß - Drehbänke 1953

Forschungsberichte des Wirtschafts- und Verkehrsministeriums Nordrhein-Westfalen

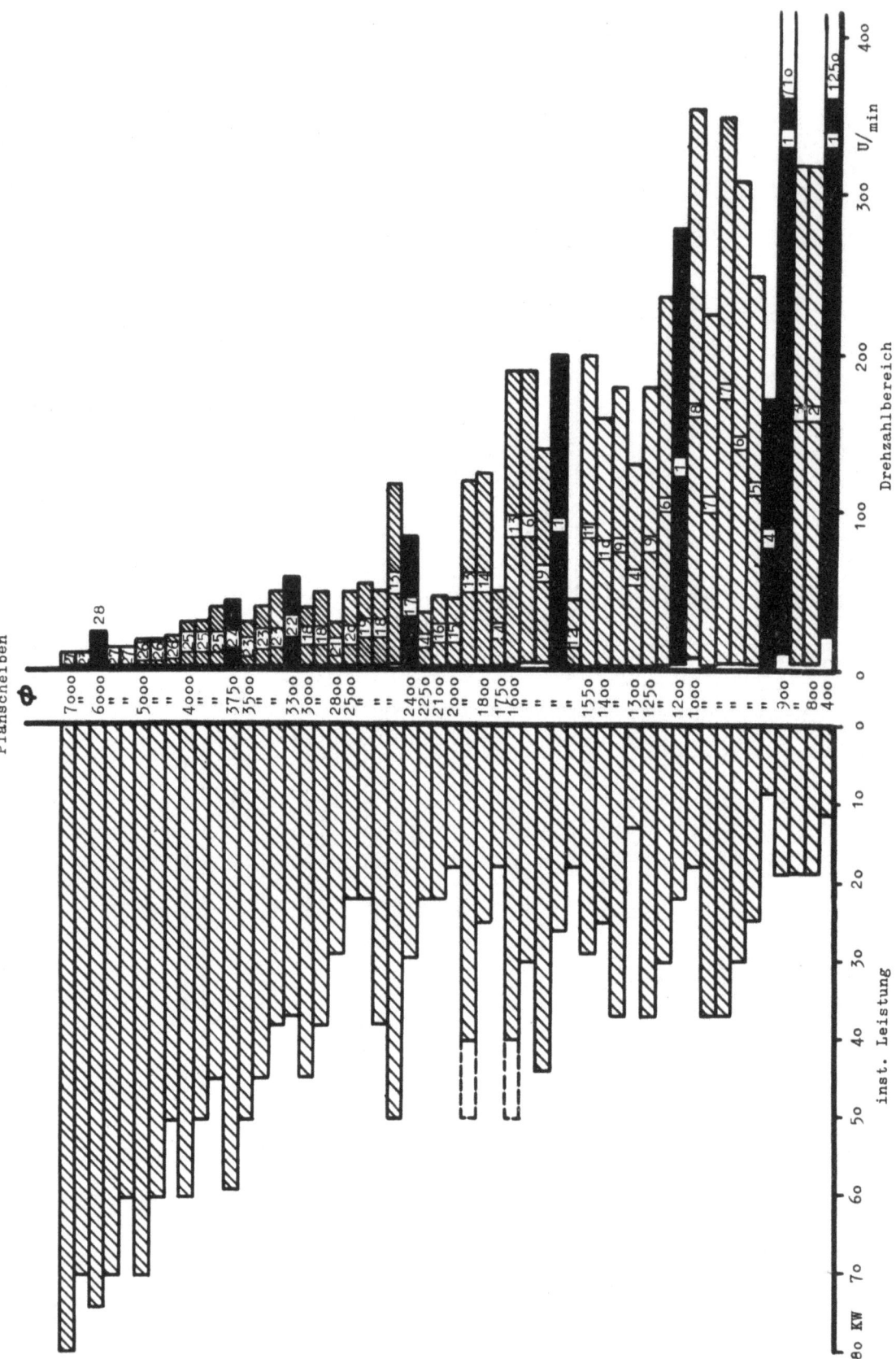

Abbildung 41
Plan- und Karussell-Drehbänke 1953

Forschungsberichte des Wirtschafts- und Verkehrsministeriums Nordrhein Westfalen

Bei der Kostspieligkeit moderner Antriebe ist eine Klärung des tatsächlich erforderlichen Bedarfs unbedingt notwendig. Es erscheint deshalb auch hierfür zweckmäßig, durch umfassende Messungen in verschiedenen Fertigungsbetrieben den tatsächlichen Einsatz der Werkzeugmaschinen zu erfassen, um damit eine Massenstatistik zu schaffen, die schließlich auch zu einem übergeordneten System der Beurteilung so verschiedener Einzelprobleme führen kann. Darüber hinaus dürften derartige Messungen in den Fertigungsbetrieben, aus denen schließlich die Kundenwünsche resultieren, zu einer Aufklärungsarbeit über die Rückwirkungen extremer Forderungen führen.

Die wichtigsten zu erfassenden Größen sind die Drehzahlen und die Leistungen des Hauptantriebes in der Häufigkeit ihrer Benutzung. Aus ihnen muß die Häufigkeit der Umsteuer- oder Hochlaufvorgänge hervorgehen.

In der Massenfertigung ist das relativ einfach. Hier sind z.B. für den Drehzahlbereich Ansätze hierzu bereits bekannt geworden. Sie wurden aus den Einstellplänen für Revolverbänke gewonnen. Nicht erfaßt werden konnte damit allerdings die zeitliche Häufigkeit. Dazu müßten die Ergebnisse noch mit den Produktionszahlen multipliziert werden, die jedoch schlecht zu erlangen sind.

Universalmaschinen sind in Deutschland weit häufiger vertreten, denn in Europa ist die Einzel- und Kleinserienfertigung vorherrschend. Unterlagen für die Statistik sind somit praktisch nur durch Messungen an eingesetzten Maschinen zu erlangen. In der Reihenfertigung brauchen nur Kurzmessungen vorgenommen zu werden, die dann mit der Auflage zu multiplizieren wären. Hierzu muß sich die Meßeinrichtung ohne Störung des Fertigungsablaufes anbringen lassen. Darüber hinaus darf, um wirklich zu einer Massenstatistik gelangen zu können, die Vorbereitung der Messungen keine langwierigen Anpassungen an die verschiedenen Maschinen erfordern. Bei der Einzelfertigung darf ebenfalls der Arbeitsablauf nicht gestört werden. Hier müßte jedoch laufend der gesamte Betriebsablauf erfaßt werden.

Nimmt man nun an, daß z.B. bei Drehbänken in jeder halben Minute eine andere Einstellung erfolgt, so ergeben sich damit 120 x 8, also knapp 1000 Meßpunkte pro Schicht und Meßwert, die zu erfassen wären.

Forschungsberichte des Wirtschafts- und Verkehrsministeriums Nordrhein Westfalen

Dies ist praktisch nur mit Registrierinstrumenten möglich; dabei könnte die Drehzahl über einen Tachodynamo elektrisch durch einen Spannungsschreiber festgehalten werden. Der notwendige Bereich für eine universelle Meßeinrichtung muß von der niedrigsten Drehzahl von 8 U/min bis zur höchsten an schnellaufenden Maschinen etwa 3000 U/min reichen. Er beträgt also etwa 1 : 300, wobei eine Umschaltung bei der Vorbereitung zwischen einem Ober- und Unterbereich mit je 1 : 200 wohl zulässig sein dürfte, da dieses Verhältnis als Grenzwert einzelner Maschinen angesehen werden kann. Praktisch interessiert aber die Auflösung dieses überaus grossen Bereiches nur geometrisch, wie bei den genormten Drehzahlbereichen. Mit Hilfe von nichtlinearen Gliedern könnte man die elektrischen Meßwerte eines Tachodynamos derartig verzerren, daß eine geometrische Auflösung angenähert erreicht wird, während die Stufung bei der Auswertung zu erfolgen hätte. Immerhin müßten hierfür etwa 200 Stufen vorgesehen werden. Damit würden die aufgeführten 1000 Meßwerte pro Schicht und Meßwert aus 20 000 möglichen zu ermitteln sein.

Legt man weiterhin eine Papiergeschwindigkeit der schreibenden Registriergeräte von etwa 5 mm/min zu Grunde, also 2,5 mm Abstand der Meßpunkte, so ergibt sich pro Schicht eine Registrierstreifenlänge von 5 x 60 x 8, also ungefähr 2,4 m Länge pro Schicht. Das gleiche gilt für den zweiten Meßwert, die Leistung, nur daß hier eine Stufung Vollast, Halblast, Dreiviertellast, Viertellast und Abschaltung genügen würde. Es wären also je Schicht aus 2 x 2,4 m Registrierstreifen von 25 000 möglichen Meßwerten 2000 zu ermitteln.

Mit herkömmlichen Meßmitteln ist somit die Massenstatistik kaum durchführbar; aus diesem Grunde ist stattdessen eine Registriereinrichtung entwickelt worden, die gleichzeitig die Ergebnisse in der benötigten Form auswertet und summiert anliefert. Darüber hinaus vermeidet sie die langwierige Montage eines Tachodynamos, die immer sehr störend im Fertigungsablauf wirken würde. Bringt man nämlich stattdessen einen Nocken an der Spindel an, der einen Kontakt betätigt, so werden Impulse ausgesendet. Noch eleganter ist die photoelektrische Impulserzeugung, da nur ein schwarzer und ein weißer Strich an einem drehenden Teil der Spindel angebracht zu werden braucht. Diese Impulse enthalten nun den Meßwert Drehzahl in dreierlei Form:

1. in der Zeit zwischen zwei Impulsen (Impulszeitverfahren),

2. in der Zeit, die notwendig ist, um eine bestimmte Menge von Impulsen zu erhalten (Festmengenverfahren),

3. in der Anzahl der Impulse, die während einer festen Stichzeit einlaufen (Impulshäufigkeitsverfahren).

Das letzte Verfahren liegt auch dem Prinzip des Stichdrehzahlmessers zu Grunde.

Wägt man diese drei Möglichkeiten untereinander ab, erweist sich das dritte Verfahren für den vorliegenden Zweck als das günstigste. Die Stichzeit kann hierbei im laufenden Turnus durch handelsübliches Zeitrelais bestimmt werden. Die zweite Aufgabe der Messung ist die Zählung der Impulse während der Stichzeit. Hierfür bestehen grundsätzlich wieder drei Möglichkeiten:

1. Die mechanische Zählung wie beim Stichdrehzahlmesser,

2. eine elektronische Zählung mit Zählröhren und

3. eine elektromechanische Zählung mit Relais.

Auf Grund der dritten Aufgabe, der Registrierung des erhaltenen Wertes, erweist sich ein Zählspeicher mit Relais als die günstigste Lösung. Mit jedem, während der Stichzeit, ankommenden Impuls könnte z.B. jeweils ein Relais weitergeschaltet werden. Faßt man diese Relais in Gruppen zusammen, ähnlich wie sie den Stufensprüngen der genormten Drehzahlreihe entsprechen, und schaltet man diese Gruppen auf jeweils ein elektromechanisches Zählwerk (Telefongesprächszähler), so erhält man eine automatische Registrierung, die gleichzeitig eine Summierung für die statistische Form vornimmt. Man braucht mit einer derartigen Meßeinrichtung also nur die Spindel der zu untersuchenden Bank mit einem schwarzen und einem weißen Strich zu markieren, den Photozellenimpulsgeber anzusetzen und vor der Messung die Stellung der 20 Zählwerke zu notieren. Nach Ablauf der Messung werden die Endstellungen dieser 20 Zählwerke ermittelt, die Differenz gebildet und diese Differenzwerte in der Statistik eingetragen.

Für einen solchen Zählspeicher wären bei einem vorzusehenden Meßbereich von 1 : 200 aber ebenso viele Zählrelais nötig. Zu jedem käme außerdem noch jeweils 1 Hilfsrelais, da verhindert werden muß, daß bei langsamen Impulsfolgen die gesamte Relaiskette sofort durchschaltet. Der Aufwand von 400 Relais und ihre Speisung wäre aber praktisch undurchführbar.

Eine andere Möglichkeit eines Relaisspeichers bietet sich in der Form des Potenzspeicherwerkes. Bei ihm werden beim Anzug eines jeden weiteren Relais alle vorhergehenden wieder abgeworfen. D.h. beim ersten Impuls zieht Relais 1, beim zweiten Relais 2, Relais 1 fällt ab, beim dritten Relais 1, Relais 2 ist noch gezogen, beim vierten Relais 3, während 1 und 2 wieder abfallen, usw. Relais 4 beim achten, Relais 5 beim 16 Impuls. Die damit erzielbare Stufung, die jeweils das Doppelte des Vorangehenden betragen würde, entspräche somit einer Drehzahlreihe mit dem Stufensprung $\varphi = 2$. Ein derartiger Stufensprung ist aber für die Belange einer Werkzeugmaschine zu grob. Überlegungen, wie sie dem elektromechanischen Rechengeräten zu Grunde liegen, ermöglichten es aber, aus beiden Prinzipien Kombinationen zu finden, die eine Anpassung des Registrierspeichers an die am häufigsten angewendete Drehzahlreihe $R \frac{20}{3}$ mit einem Stufensprung $\varphi = 1,41$ erreichen läßt. Abbildung 42 zeigt, in welchem Maße diese Anpassung gelungen ist. Ein Umschalter ermöglicht den Einsatz des Gerätes an hoch- und niedrigtourigen Maschinen entsprechend den Kurven I, II und III.

Eine Registriereinrichtung dieser Art ist inzwischen gebaut worden und befindet sich in der Erprobung (Abb. 43).

An der rechten Seite befindet sich das elektronische Zeitrelais als Stichzeitgeber. 27 normale Rundrelais wurden für den eigentlichen Zählspeicher benötigt. Dabei waren noch gewisse Sondermaßnahmen zu treffen, um z.B. die Anzahl der Um- oder Abschaltvorgänge zu erfassen, bzw. die während einer Stichzeit abgebrochenen Zählreihen gesondert zu registrieren und den Beginn einer neuen Stichzeit zu veranlassen. Außerdem mußten wegen der begrenzten Ansprechzeit der Relais noch besondere Maßnahmen getroffen werden. Ein Impulsuntersetzer aus Telegrafenrelais mit höheren Ansprechgeschwindigkeiten ist an der linken Seite zu sehen. Darüber befinden sich die Umschalter für die angeführten 3 Stufen, während oben der eigentliche, aus 18 Gesprächszählern bestehende Registrierspeicher zu sehen ist.

Neben den Drehzahlen ist als 2. Meßgröße noch die dabei abverlangte Leistung zu erfassen. Das wäre nach dem gleichen Prinzip möglich, indem an den Sicherungen der Maschine ein Elektrizitätszähler eingeschleift wird. Die Umdrehungen der Zählscheiben könnten dabei ebenfalls fotoelektrisch impulsweise erfaßt werden und durch einen ähnlichen Zählspeicher während der gleichen Stichzeit auf Zähler gegeben werden. Hier genügt es aber,

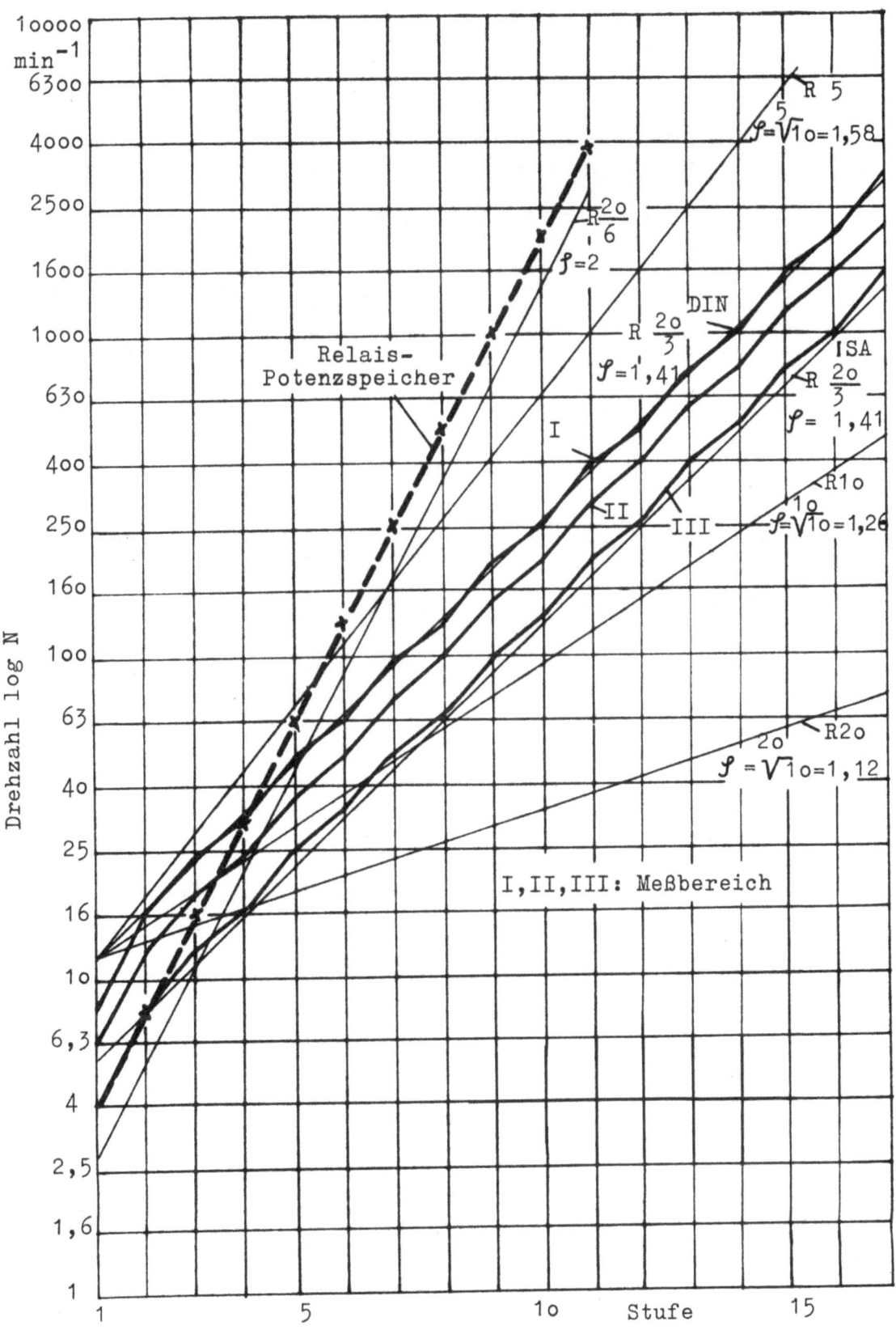

Abbildung 42
Registriereinrichtung

Abbildung 43
Statistische Registriereinrichtung

diese in 4 Stufen zusammenzufassen. Ordnet man den Registrierspeicher in 4 Zeilen mit je 18 Gesprächszählern an, so ist es möglich, in der Senkrechten die tatsächlich verwendeten Drehzahlen abzulesen, während in den Waagerechten die jeweils zugehörigen Leistungen festgehalten sind. Dazu kommt noch je ein Zählwerk für die Stillstandzeiten der Spindel bei laufendem Motor und Abschaltung, die die Erfassung der Haupt- und Nebenzeiten vervollständigen.

Die Begriffe Vollast usw. sind jedoch relativ, d.h. bei den einzelnen Maschinen sehr unterschiedlich. Dies würde jeweils eine andere Relais-Kombination des Zählspeichers zur Folge haben, mit denen die 4 Leistungsstufen beaufschlagt werden, oder diese Stufen müßten auf jeden nur denkbaren Bereich erweitert werden. Aus diesem Grunde ist es hier zweckmäßiger, von der Leistungsmessung auszugehen. Hierzu genügt ein einziges Instrument, da Drehstrommotoren symmetrische Belastungen darstellen. Handelsübliche Ausschlagwächter, die auf fotoelektrischem Wege Impulse aussenden, wenn der Zeiger des Wattmeters unter einem aufgesetzten Fotowiderstand durchläuft, sollen hier an Stelle des Zählspeichers die Relaiskombinationen vornehmen. Die dabei notwendigen vier Fotowiderstände werden dann nach Bedarf an den entsprechenden Stellen eines gewöhnlichen Leistungsmessers aufgesetzt. Die nachfolgenden, notwendigen Verstärker können auf zwei reduziert werden, wenn zugleich mit diesen Impulsen die Verstärker umgeschaltet werden, so daß nur diejenigen Fotowiderstände, die dem Zeiger am nächsten stehen, arbeitsbereit zu sein brauchen.

Diese Registriereinrichtung soll es erlauben, durch Messungen in den Fertigungsbetrieben die tatsächlich von den Maschinen abverlangten Drehzahlen und zugehörigen Bruttoleistungen zu erfassen. Darüber hinaus soll sie statistisches Material liefern über die Umschalthäufigkeiten, die an den Maschinen zu erwarten sind. Außerdem soll sie einen Aufschluß über das Verhältnis der Haupt- und Nebenzeiten geben, denn die modernen Regelantriebe können allenfalls bei Maschinen mit einem großen Verhältnis von Haupt- zu Nebenzeiten wirtschaftlich ausgenutzt werden. Schließlich kann eine solche Statistik auch Unterlagen darüber liefern, welches maximale Drehmoment zu fordern ist, d.h. an welcher Stelle zweckmäßigerweise der Knickpunkt von M_d = const. zu N = const. zu legen ist.

X. Untersuchung geregelter Antriebe

Die moderne Antriebstechnik weist heute, wie bereits angeführt, eine Reihe neuer Möglichkeiten auf, die auf der laufenden automatischen Selbstkontrolle, der Regelung, basieren. Diese Tatsache unterscheidet sie wesentlich von den bisher üblichen Antrieben. Die häufig aufgeworfene Frage, ob und wie weit diese Antriebe besser als jene sind, läßt sich nur so beantworten, daß sie weder besser noch schlechter, sondern einfach anders sind. Ob dieses andere Verhalten sich nun besser oder schlechter auswirkt, hängt vielmehr von ihrem Einsatz ab. Den optimalen Einsatz derartiger Antriebe bei Werkzeugmaschinen herauszuschälen, bezweckt u.a. dieses Forschungsprogramm. Allerdings muß diese Aufgabe die außerordentliche Vielfalt von Einzelproblemen umfassen, die mit der spanenden Formgebung verbunden sind, denn die Zweckmäßigkeit solcher Antriebe ist letzten Endes in der Wirtschaftlichkeit der Fertigung begründet.

Der Werkzeugmaschinenbauer stellte deshalb auch die Aufgabe zu prüfen, ob und wie weit derartige Antriebe die propagierten Eigenschaften tatsächlich erfüllen und wie weit diese auf die Dauer erhalten bleiben, oder ob es sich nur um idealisierte Werte handelt. Darüber hinaus soll festgestellt werden, ob mit diesen Antrieben eventuell auch Eigenschaften verbunden sind, die sich für die Zerspanung nachteilig auswirken können, bisher aber noch nicht als solche erkannt worden sind.

Daneben wurde die Frage nach der Betriebssicherheit gestellt, denn jede Planung und Wirtschaftlichkeitsbetrachtung wird hinfällig, wenn ein moderner Antrieb - und mag er noch so zweckmäßig sein - ausfällt. Die Erfahrungen der Betriebsleute gerade in dieser Hinsicht waren anfänglich nicht besonders zufriedenstellend. Dies gilt insbesondere für die Röhrengeregelten Antriebe. Versucht man den Ursachen nachzugehen, so bleibt selten mehr übrig, als eine subjektive Meinung über eine dem Maschinenbauer wesensfremde Einrichtung. Dieser Meinung stehen die Ansichten der Elektrotechniker gegenüber.

Um hier ein neutrales Urteil bilden zu können, sind an der Rheinisch-Westfälischen Technischen Hochschule Aachen Laboratoriumsversuche durchgeführt worden, für die eine Reihe von Firmen ihre Antriebe zur Verfügung gestellt hat. Das Schwergewicht liegt dabei auf den Röhren-geregelten Antrieben, da diese sich von den herkömmlichen Antrieben am deutlichsten unterscheiden und damit den Maschinenbauern ungewohnt sind.

1. Untersuchungen über die Betriebssicherheit elektronischer Regelantriebe durch Erprobung im Dauerversuch

Diese Versuche wurden mit einem Gerät älterer Ausführung für eine Nennleistung von 4 KW ohne Nutzbremsung, mit Ankerregelung und zusätzlicher Feldverstellung begonnen.

Natürlich mußte ein derartiger Dauerversuchsstand mit einer automatischen Steuerung versehen werden, die den Ablauf eines Fertigungsprogrammes nachbildet. Es sind deshalb die Bedienungsteile des zu untersuchenden Regelgerätes herausgezogen und auf einer besonderen Programmsteuertafel untergebracht worden (Abb. 44). Diese Steuertafel ermöglicht es, ein Programm von vier verschiedenen Arbeitsgängen zyklisch ablaufen zu lassen. Dabei wird jeder Durchlauf registriert. Die Dauer eines jeden Arbeitsvorganges ist durch vier Zeitrelais beliebig wählbar. Ebenso ist an vier Potentiometern der Drehzahlsollwert wählbar, desgleichen die Drehrichtung und eventuell notwendiges Bremsen. Vier zugehörige Schütze schalten jeweils das entsprechende Potentiometer und die zugehörigen Schalter an

Abbildung 44
Programmsteuertafel

das Aggregat. Die Feldverstellung des Motors ist durch Anzapfungen des Einstellwiderstandes herausgezogen worden und wird entsprechend durch weitere vier Schütze für jede Stufe eingeschaltet.

Eingestellt wurde für den Dauerversuch ein Programm mit drei Stufen im Linkslauf von 500, 1000 und 1500 U/min und eine vierte im Rechtslauf mit 2000 U/min bei geschwächtem Feld. Dies würde z.B. den Drehbedingungen einer Welle mit drei Absätzen und einem schnellen Rücklauf entsprechen, wobei in diesem Programm allerdings der Rücklauf unter Last geschah.

Die Belastung erfolgte durch einen Bremsgenerator, der auf einen Widerstand arbeitete, während die Laständerung für jede Stufe durch Zu- oder Abschalten von Vorwiderständen im Generatorfeldkreis ebenfalls durch die vier Feldschütze des Motors geschah.

Im Gegensatz zu einer solchen Feldänderung, die nach einer e - Funktion verläuft, tritt im Anschnitt beim Drehen eine mehr stoßartige Belastung auf. Um auch diese nachzubilden, wurde ein besonderes Lastschütz in den Ankerkreis des Generators gelegt, das die Belastung verzögert zuschaltet, nachdem das Feld bereits voll aufgebaut ist.

Forschungsberichte des Wirtschafts- und Verkehrsministeriums Nordrhein Westfalen

Da sowohl der Generator mit 15 KW als auch der Motor mit 7,5 KW für den untersuchten Antrieb weit überdimensioniert waren, stellten beide mit ihren Schwungmomenten in dynamischer Hinsicht Belastungen dar, die mindestens alle praktischen Fälle einschließen, wenn nicht sogar übertreffen dürften. Die stationäre Belastung durch den Bremsgenerator wurde auch mit 1,5 KW, 2,7 KW, 5 KW (25 % Überlast) und 3 KW eingestellt.

Anfänglich traten viele Ausfälle auf, die teils durch das Aggregat, teils durch die entwickelte Programmsteuerung bedingt waren. Inzwischen hat das Gerät bei der ersten Versuchsreihe etwa 100 000 Schaltungen ausgeführt. Das Ergebnis zeigt die statistische Darstellung (Abb. 45). Darin ist die Anzahl der Schaltungen nach jeder Störung in Säulenform aufgetragen. Da in einer Stunde etwa 100 Schaltungen durchgeführt wurden, konnte auf der rechten Seite auch eine Teilung der ungefähren Betriebsstunden angegeben werden. Die Anzahl der Schaltungen ist eindeutig, da sie von einem Zähler festgehalten wurde.

Den Abmachungen mit den Lieferfirmen entsprechend kann hier nicht im einzelnen auf die Fehler eingegangen werden. Dies bleibt den betreffenden Firmen vorbehalten.

Die Tendenz der Fehlerstatistik läßt sich aber vielleicht am treffendsten mit dem Wort "Kinderkrankheiten" kennzeichnen. Das gleiche gilt auch für die selbst entwickelte Steuertafel, die in den dünnen Säulen gekennzeichnet wurde.

Entgegen landläufigen Meinungen waren die Ursachen dieser Störungen durchaus nicht durch die Röhren begründet, sondern vielmehr durch die Elektromechanik der Hilfseinrichtungen. Die bewegten Teile in der Anlage führten weit mehr zu Ausfällen. Die Röhren waren lediglich zweimal Ursache der dargestellten Fehler. Diese waren aber eindeutig auf die Schieflastigkeit des Netzes zurückzuführen, auf die man bei diesem Aggregat weder im Steuerungsaufbau der Röhren noch in der Justierung genügend Rücksicht genommen hatte. Bei der stürmischen Entwicklung an der hiesigen Hochschule und des Werkzeugmaschinen-Laboratoriums waren die Phasenverhältnisse des Netzes derartig vom normalen Zustand ($120°$) verschoben, daß eine dieser Röhren immer etwas früher als die beiden anderen gezündet wurde. Folglich nahm dieses Rohr den Hauptanteil der Last auf. Die damit immer größer werdende Wärmeentwicklung ließ es dann noch früher

Forschungsberichte des Wirtschafts- und Verkehrsministeriums Nordrhein Westfalen

zünden, und es ergab sich schließlich eine Kettenreaktion, so daß das gesamte Aggregat nur noch von diesem einen Rohr angetrieben wurde, da es sich wegen Überhitzung überhaupt nicht mehr sperren ließ. Natürlich fiel dementsprechend auch jede Regelung aus. Als diese Ursache erkannt war, konnte ihr mit entsprechender Nachjustierung der Phasenlage des Zündwinkels begegnet werden. Im übrigen sind die Röhren auf kleine Phasenänderungen durchaus nicht empfindlich. Bei einer zweiten Störung aus der gleichen Ursache zeigt es sich, daß das Hochschulkabel durchgebrannt und das Laboratorium damit auf ein anderes Netz geschaltet worden war. Dies führte natürlich zu völlig anderen Phasenverhältnissen, so daß die getroffene Justierung hinfällig wurde. Dieser Fehler konnte aber so frühzeitig erkannt werden, daß er ohne Schaden für die Röhren blieb. Ganz allgemein läßt sich sagen, daß die Fehler materialmäßig nicht sehr erheblich waren, sofern man die mitunter schwierige Fehlersuche ausschließt. Bei derartig komplizierten Anlagen ist es nur unbedingt notwendig, daß genügend Unterlagen und vor allem Schaltbilder, die auch eventuell Änderungen enthalten, zur Verfügung stehen. Außerdem wird die Fehlersuche selbst durch eine zweckmäßige Verdrahtung erleichtert. Die Numerierung sämtlicher Drahtenden dürfte anzustreben sein. Als besonders vorteilhaft empfunden wurde, wenn diese Numerierung nicht nach Potentialen erfolgt, sondern ein jedes Drahtende eine besondere Nummer erhält. Das führt zwar leicht zu dreistelligen Bezifferungen, versagt aber dafür nicht bei Schaltungsänderungen und erleichtert vor allem das Auftrennen von Stromkreisen und Einkreisen von Fehlern.

Derartige Dauerversuche sind inzwischen auch an anderen Aggregaten angelaufen. Ganz allgemein kann zusammenfassend gesagt werden:

Die Röhren sind besser als ihr Ruf. Das gilt sowohl für die eigentlichen Stromtore oder Thyratrons, die im Laufe der Zeit weiterentwickelt worden sind, als auch für die Hilfsröhren. Die Ursachen der angeführten Fehler sind bei den neueren Aggregaten durchweg berücksichtigt worden. Sie haben heute für jedes Stromtor eine eigene Steuerung. Damit ist sichergestellt, daß die Zündverzögerung nicht in unerwünschter Weise durch eine Änderung der Phasenlage des Netzes abweichen kann.

Als Hilfsröhren werden häufig Röhren der Rimlock-Serie verwendet. Hierbei handelt es sich um gewöhnliche Rundfunkröhren, die absolut nicht auf

__Forschungsberichte des Wirtschafts- und Verkehrsministeriums Nordrhein Westfalen__

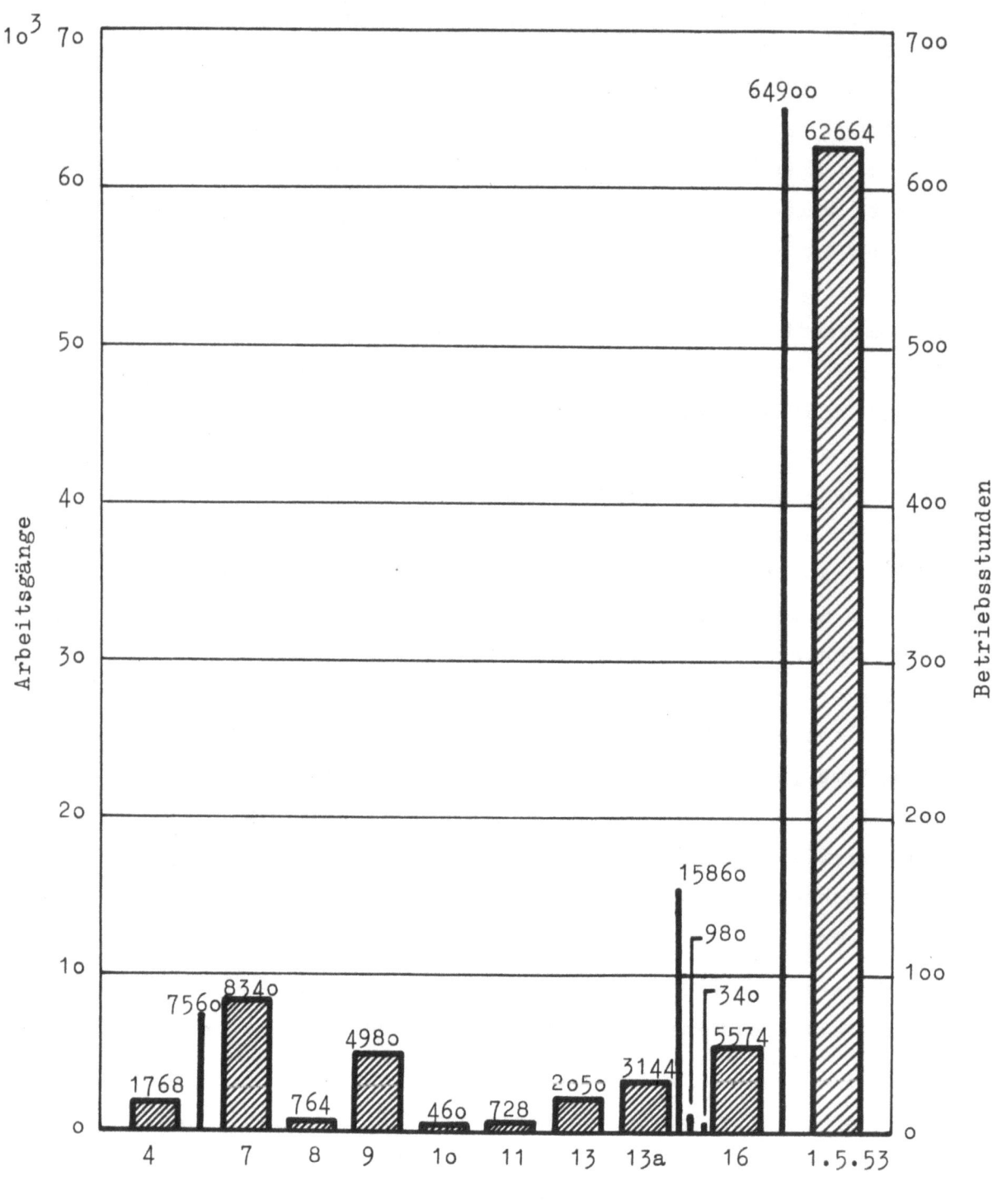

Abbildung 45
Betriebssicherheit im Dauerversuch

besondere Lebensdauer gezüchtet wurden, wie z.B. die Weitverkehrsröhren der Fernmeldetechnik. Dennoch haben sie sich gut bewährt und noch niemals zu Störungen Anlaß gegeben. Das gilt leider nicht für die zugehörigen Sockel. Die Kontaktstifte dieser Röhren sind außerordentlich dicht benachbart.

Dabei hatte sich bei einem Sockel mit Hartpapierisolation zwischen zwei Kontakten eine Kriechstrecke gebildet, durch die der Arbeitspunkt der Röhre derartig verschoben wurde, daß die gesamte Röhrenregelung gestört war. Der Auswahl solcher Kleinteile sollte man daher ebenfalls volle Aufmerksamkeit widmen. Das gleiche gilt für die Isolation an anderen Hilfsstellen, wie z.B. den Anschlußklemmen. Auch hier traten ähnliche Erscheinungen auf.

Schließlich sei noch bemerkt, daß die Stromkreise auf der Sekundärseite des Haupttransformators letzthin Gleichstrom führen. Darauf sollte auch bei der Auswahl der Schütze, die in diesem Stromkreis liegen, geachtet werden. Sie werden häufig beim Drehrichtungswechsel benötigt und werden normalerweise im stromlosen Zustand geschaltet. Wird diese Bedingung aus irgendwelchen Gründen jedoch einmal nicht erfüllt, sollten diese Schütze zweckmäßig so ausgelegt sein, daß sie die volle Leistung bei Strombegrenzung überhaupt noch ohne dauernde Schäden abzuschalten vermögen. Anderenfalls könnte es z.B. durch Abschaltung oder durch das Ansprechen der Schutzschalter zu Kettenreaktionen mit schwerwiegenden Schäden kommen, die letzthin in einer harmlosen Ursache begründet waren.

2. Meßtechnische Untersuchung moderner Regelantriebe

Neben der Untersuchung der Betriebssicherheit war die Aufgabe gestellt worden, die Eigenschaften moderner Regelantriebe meßtechnisch zu ermitteln. Hierzu gehören:

1) die Drehzahlstabilität derartiger Antriebe mit zunehmender Belastung,
2) die tatsächlich zur Verfügung stehende Leistung bei den verschiedenen Drehzahlen,
3) das tatsächlich zur Verfügung stehende Moment bei den verschiedenen Drehzahlen,
4) der Wirkungsgrad des gesamten Antriebes bei den verschiedenen Drehzahlen und Belastungen,
5) die aufgenommene Blindleistung in Abhängikeit der verschiedenen Drehzahlen und Belastungen,
6) die Hochlaufzeiten im Leerlauf und bei Nennlast unter Angabe des zugehörigen Fremdschwungmomentes,
7) die Bremszeiten unter den gleichen Bedingungen wie bei 6)

Forschungsberichte des Wirtschafts- und Verkehrsministeriums Nordrhein Westfalen

Derartige Untersuchungen sind bei sämtlichen Geräten in Angriff genommen worden. Ihre Veröffentlichung muß jedoch einem späteren Bericht vorbehalten bleiben, da die Ermittlung erst mit den Herstellern diskutiert werden soll, um Fehlschlüsse zu vermeiden.

Allgemein ist hierzu jedoch zu sagen, daß bei derartigen Untersuchungen besondere Aufmerksamkeit geboten ist. Gittergesteuerte Gleichrichter und magnetische Verstärker führen zu zerhackten Kurvenformen der Ströme und Spannungen. Das bedeutet, daß weder ein reiner Gleichstrom noch ein sinusförmiger Wechselstrom vorliegt. Übliche Meßinstrumente sind aber nur für reinen Gleichstrom oder sinusförmigen Wechselstrom von 50 Hz geeicht. Ströme und Spannungen anderer Kurvenformen werden mehr oder minder falsch angezeigt. Z.B. ist der tatsächliche Effektivwert für die Spannungskurve in Abbildung 46e um 225 % größer als die Anzeige eines Vielfachinstrumentes. Die auftretenden Meßfehler können also erheblich sein. Ihre Größe ist nicht nur von der Wahl der Instrumente, d.h. ihrer Art und Konstruktion abhängig, sondern auch von der Ausführung der Aggregate (Abb. 46). Z.T. werden diese noch mit besonderen Mitteln ausgestattet, um den entstehenden Gleichstrom für den Antriebsmotor zu glätten. Diese Einrichtungen haben naturgemäß rückwirkend auch Einfluß auf die Kurvenformen der Netzströme. Darüber hinaus werden die Kurvenformen auch von der Art des Haupttransformators beeinflußt. Die Netzspannung kann demgegenüber in solchen Fällen weitgehend als sinusförmig betrachtet werden. Hier sind die Rückwirkungen solcher Aggregate so gering wie die aufgenommene Leistung des Aggregates zur Leistungsfähigkeit des Netzes. Immerhin läßt sich insbesondere der Zündzeitpunkt der Röhre bei oszillografischer Betrachtung der Netzspannung ohne weiteres verfolgen (Abb. 46a + d). Diese Beobachtung konnte selbst in entfernteren Instituten der Hochschule gemacht werden, wobei allerdings noch nicht eindeutig feststeht, ob die Übertragungen dieser Impulse tatsächlich durch das Netz oder durch die Luft stattgefunden hat.

Will man unter derartigen Bedingungen wirklich stichhaltige Messungen durchführen, so ist es notwendig, über die möglichen Fehler genaue Untersuchungen anzustellen. Das gilt bereits für die Messung des Wirkungsgrades. Da mit den Herstellern vereinbart wurde, die zur Verfügung gestellten Aggregate wie Vierpole zu behandeln, ist die Bestimmung des Wirkungsgrades durch Messung der aufgenommenen Leistung und der abgegebenen Leistung durchzuführen. Die abgegebene Leistung kann relativ einfach mit einem Bremsgenerator festgestellt werden. Die Messung der aufgenommenen Leistung muß nach der Drei-Wattmeter-Methode geschehen, da damit zu rechnen ist, daß nicht nur die Außenleiter ungleich belastet werden, sondern auch der Mittelpunkt belastet wird. Elektrodynamische Wattmeter messen bei entsprechender Schaltung theoretisch immer die Wirkleistung $N = 3 \frac{1}{T_0} \int^T u \cdot i \cdot dt$. Dabei wird auf Grund der Trägheit des Instrumentes der Mittelwert der schwankenden Gesamtleistung gemessen und diese ist dann mit der Wirkleistung identisch.

Voraussetzung ist allerdings, daß in jedem Augenblick

1) Phasengleichheit der magnetischen Felder in beiden Meßspulen mit den zugehörigen Strömen bzw. Spannungen besteht.

2) Proportionalität beider Felder zu den Strömen und Spannungen linear gegeben ist.

Diese Bedingungen werden aber praktisch gestört:

1) Durch Wirbelströme, die sich in allen metallischen Teilen bilden.

2) Durch gegenseitige Beeinflussung beider Meßspulen (Wechselinduktionen oder Transformatorwirkung). Sie wird nur zu Null, wenn beide Spulen senkrecht aufeinanderstehen, d.h. daß diese Auswirkung vom Ausschlag abhängig ist.

Beide Größen nehmen mit höherer Frequenz zu, damit ist wieder ein Kurvenformeinfluß gegeben, da sich verzerrte Kurvenformen nach der Fourier-Analyse auf sinusförmige verschiedene Frequenzen zurückführen lassen. Diese Fehlermöglichkeiten gelten für die eisenlosen Wattmeter. Für eisengeschlossene Wattmeter kommen noch weitere Fragen hinzu:

3) Krümmung der Magnetisierungskurve,
4) Hysteresefehler.

Beide treten besonders bei spitzen Stromkurven in Erscheinung. Dazu kommen noch eine Reihe anderer Fehler, die aber nicht im direkten Zusammenhang mit der Kurvenform stehen, wie Temperaturfehler, Anwärmfehler, Fehler durch magnetische oder elektrische Fremdfelder, Unsymmetrie-Fehler usw.

Unter normalen Bedingungen sind die Auswirkungen dieser Fehler sehr klein. Für die hier vorliegende Aufgabe darf dies aber nicht ohne weiteres angenommen werden.

Forschungsberichte des Wirtschafts- und Verkehrsministeriums Nordrhein Westfalen

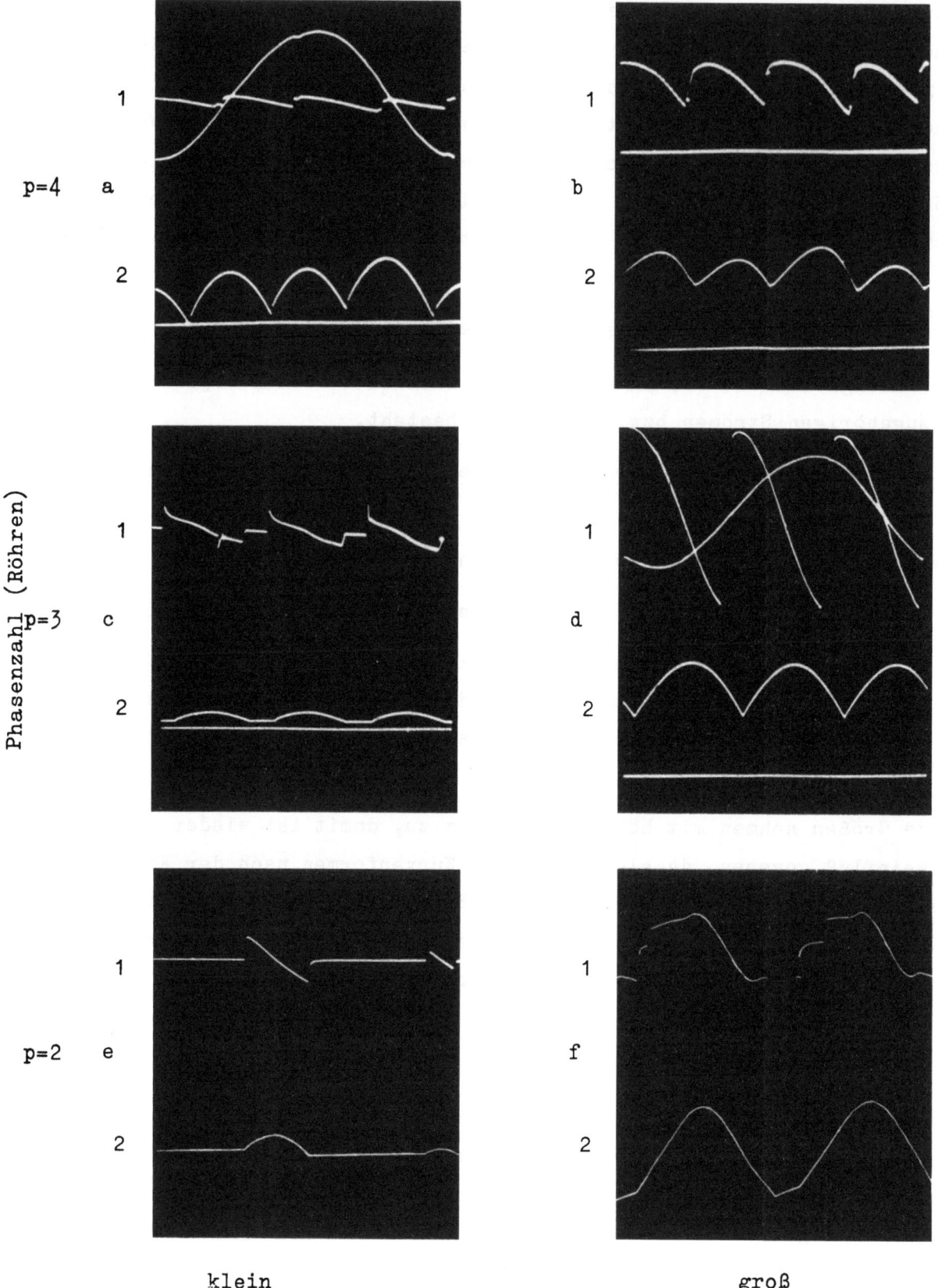

Abbildung 46
Belastung, Drehzahl
Kurvenform von Spannungen und Strömen am Motor röhrengeregelter Antriebe

Forschungsberichte des Wirtschafts- und Verkehrsministeriums Nordrhein Westfalen

Während für die Wirkleistungsmessungen auch für verzerrte Kurvenformen physikalisch aber wenigstens die Voraussetzung ihrer Messung gegeben ist, die allerdings lediglich in der praktischen Anwendung nur mehr oder minder erfüllt werden kann, fehlt ein physikalischer Zusammenhang für die Blindleistungsmessung jedoch vollkommen.

In DIN 40 110 "Wechselstromgrößen" heißt es hierzu: "Ferner werden genannt":

$$N_s = \mathcal{U} \cdot \mathcal{J} \qquad \text{die Scheinleistung}$$

$$\lambda = \frac{N_w}{N_s} \qquad \text{der Leistungsfaktor oder Wirkfaktor}$$

$$N_B = \sqrt{N_s^2 - N_w^2} \qquad \text{die Blindleistung}$$

Damit wird die Blindleistung als geometrische Differenz von Schein- und Wirkleistung definiert. Da aber $N_s = \mathcal{U} \cdot \mathcal{J}$ nur im Extremfall einer rein ohmschen Belastung eine reelle physikalische Leistung ergibt, kommt der so definierten Scheinleistung keine reelle Bedeutung zu, in diesem Falle ist nämlich

$$N_s = N_w \qquad \text{und} \qquad N_B = 0$$

Dennoch hat diese rein formelle Definition für die geläufigen Fälle der Praxis genügt. Der Grund liegt in der Anschaulichkeit, die mit dieser Beschreibung verbunden ist und in der Tatsache, daß mit Hilfe des Additionstheorems eine Größe ermittelt werden kann, die numerisch dem Zahlenwert der Blindleistung entspricht.

Für die Fälle eines sinusförmigen Verlaufes von Spannung und Strom, d.h. bei zeitlich konstanten Widerständen, wird nämlich:

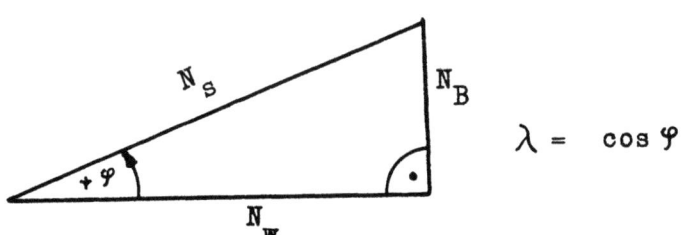

wobei φ der Phasenwinkel ist, um den bei induktiver Belastung der Strom der Spannung nacheilt, bzw. bei kapazitiver Belastung voreilt. Damit wird:

Forschungsberichte des Wirtschafts- und Verkehrsministeriums Nordrhein Westfalen

$$N_W = U J \cos\varphi$$
und
$$N_B = U J \sin\varphi$$

Unter diesen Voraussetzungen wird auch der Zahlenwert der Blindleistung meßtechnisch erfaßbar, indem der Mittelwert einer Gesamtleistung gemessen wird, die nun aber nicht aus den Augenblickswerten der tatsächlich treibenden Spannung als Ursache mit dem sich daraus ergebenden Strom als Wirkung gebildet wird, sondern aus irgendeiner Spannung U', die zu dieser um 90° verschoben ist, sonst aber den gleichen Verlauf hat.

Damit mißt man:

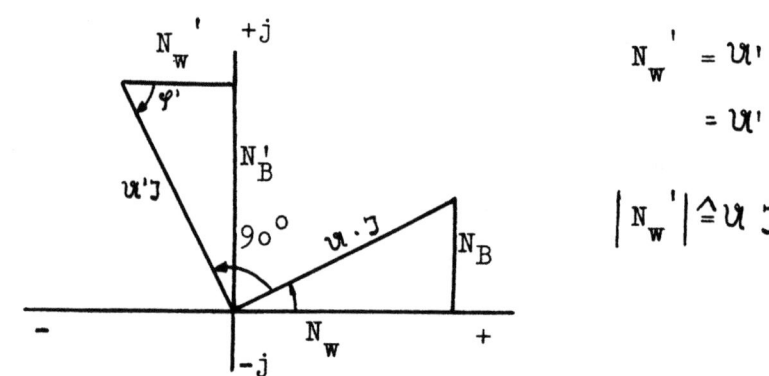

$$N_W' = U'J\cos\varphi' \mid \cos\varphi' = \sin\varphi$$
$$= U'J\sin\varphi \mid |U'|=|U|$$
$$|N_W'| \stackrel{\wedge}{=} U J \sin\varphi = N_B$$

also eine zweite Wirkleistung N_W', die den gleichen Betrag hat, wie die gesuchte Blindleistung.

Da andererseits auch:
$$\frac{\sin\alpha}{\cos\alpha} = \operatorname{tg}\alpha$$

und laut o.a. Definition
$$N_B = U J \sin\varphi$$

bzw.
$$N_W = U J \cos\varphi \qquad \text{ist,}$$

wird eine Größe gemessen, deren tatsächlicher Begriffsinhalt

$$\operatorname{tg}\varphi = \frac{U J \sin\varphi}{U J \cos\varphi}$$

oder
$$U J \sin\varphi = U J \cos\varphi \cdot \operatorname{tg}\varphi$$
$$N_B = N_W \cdot \operatorname{tg}\varphi$$
ist.

Die imaginäre Blindleistung $U J \cdot \sin\varphi$ wird demnach dadurch meßbar, indem je nach dem Phasenwinkel φ ein Bruchteil oder ein Vielfaches der

Forschungsberichte des Wirtschafts- und Verkehrsministeriums Nordrhein Westfalen

Wirkleistung gemessen wird, der dem $\operatorname{tg}\varphi$ entspricht. Diese Wirkleistung ist dann rein zahlenmäßig gleich der gesuchten Blindleistung.

Dieser Zusammenhang ist nur unter den angeführten Voraussetzungen gegeben. Der gezeigte formelle Zusammenhang versagt jedoch sehr bald. So ist z.B. die Knotenpunktsregel für Stromverzweigungen nicht mehr auf die Leistungsgrößen anwendbar (12). Man versucht, diese Schwierigkeit dadurch zu umgehen, daß man die Scheinleistung als eine gerichtete Größe betrachtet und dann Teilleistungen von dieser geometrisch summiert. Laut Definition ist N_s aber als Produkt der Effektivwerte von $\mathfrak{U}$ u. $\mathfrak{J}$ ein Skalar.

Da die Gültigkeit dieser üblichen Normdefinition ohne physikalisch reelle Bedeutung trotz aller Ausweichversuche immer nur begrenzt bleibt, ist bereits verschiedentlich der Ansatz gemacht worden, allgemeingültige Darstellungen zu finden.

G. HOMMEL (12) versuchte deshalb den Begriff der Scheinleistung durch die "totale Höchstleistung" zu ersetzen. Hiermit konnte der Fall der Stromverzweigungen eindeutig gestaltet werden.

F. BUCHHOLZ (13) operierte mit den Begriffen der Recht-, Wirk- und totalen Blindleistung, während R. TRÖGER (14) durch den physikalisch definierbaren Begriff der "Freilaufleistung" eine Darstellung von Blindstromvorgängen gegeben hat, die im Gegensatz zu der genormten Darstellung nicht bereits im Prinzip den Nachteil der bedingten Gültigkeit hat, und auch nicht wie diese auf die Anwendbarkeit des Energiesatzes zu verzichten braucht. Diese Freilaufleistung ist der doppelte Betrag der Leistung, die bei Stromkreisen mit Wirk- und Blindwiderständen in jeder Halbperiode wieder an die Stromquelle zurückgeliefert wird. Als echte physikalische Leistung ist sie mit besonderen Wattmetern über Gleichrichter der Größe und Richtung nach direkt meßbar.

Für die Anwendung der echten und meßbaren Werte der Wirk- und Freilaufleistung auf ein Verbrauchersystem mit beliebig verzerrten Kurvenformen bestehen allerdings auch wieder nur Bestimmungsgleichungen, die aus sinusförmigen Beziehungen abgleitet sind und deren Grenzen des Geltungsbereiches vorerst noch offen geblieben sind.

Da aber die weitergehende Untersuchung dieses allgemein noch wenig erforschten Gebietes der Blindstromvorgänge in verzerrten Systemen zu weit von der eigentlichen Aufgabe abgewichen wäre, ist unter den beteiligten

Firmen die Absprache getroffen worden, derartige Untersuchungen nur soweit zu führen, wie sie für die Praxis von Bedeutung sind.

Der Anteil der Energiekosten ist bereits für die Wirtschaftlichkeit gewöhnlicher Antriebe an Werkzeugmaschinen von völlig untergeordneter Bedeutung. Damit gilt das gleiche für eventuell mögliche Meßfehler dieser Art im Rahmen der gestellten Aufgabe. Im Sinne der Regeln für Stromrichter VDE 0555 §§ 29 und 30 konnten damit also Messungen, wie sie dort für Gewährleistungen entsprechend DIN 40110 angegeben sind, vereinbart und als hinreichend angesehen werden.

Hiernach ist der Leistungsfaktor definiert als

$$\lambda = \frac{N_w}{\sqrt{3}\ U_{eff}\ J_{eff}}$$

λ besteht aus zwei Anteilen, nämlich

$$\lambda = \nu \cdot \cos\varphi_1$$

wobei der "Verschiebungsfaktor" $\cos\varphi_1$ nach DIN 40110 die Phasenverschiebung zwischen der sinusförmig verlaufenden Spannung und der Grundschwingung des verzerrten Stromes erfaßt, während der "Verzerrungsfaktor" ν den restlichen Anteil der Blindleistung berücksichtigt, der durch die Oberschwingungen hervorgerufen wird.

Diese Zusammenhänge lassen sich - losgelöst von physikalischen Zusammenhängen - in einem räumlichen Zeigerdiagramm mit zwei imaginären Achsen darstellen.

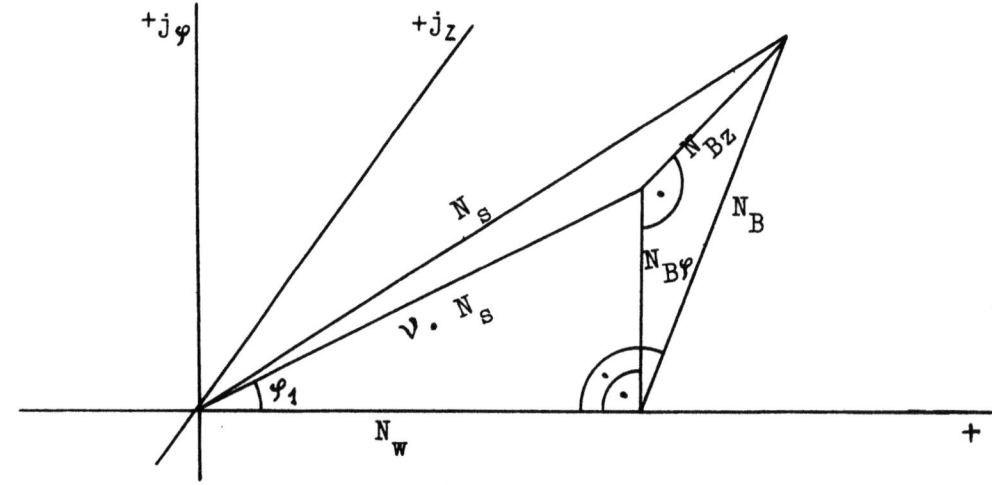

Forschungsberichte des Wirtschafts- und Verkehrsministeriums Nordrhein Westfalen

---

Dabei kann die Verschiebungsblindleistung in gewohnter Weise dargestellt werden, während die Verzerrungsblindleistung senkrecht dazu in der 3. Achsrichtung aufzutragen ist. Diese anschauliche Darstellung nach DIN 40110 begründet sich letzten Endes erst aus der Vorstellung einer Rotation der Zeiger oder einer Zeitachse. Diese lief für die Verschiebungsleistung mit 2ω in der Zeichenebene um. Die Vorstellung einer Rotationsgeschwindigkeit für die Verzerrungsblindleistung macht wiederum die Problematik derartiger Darstellungen deutlich.

Nach VDE 0555 ist zur Bestimmung des Leistungsfaktors λ die Wirkleistung N_w und die Scheinleistung $N_s = \sqrt{3}\,U\,J$ zu messen. Wie bereits gezeigt, sind für die Messung der Wirkleistung die Voraussetzungen wenigstens prinzipiell gegeben, und Meßfehler können lediglich durch die Wahl weniger geeigneter Wattmeter bei verzerrten Stromkurven auftreten.

Die Messung der Scheinleistung besteht aus zwei Teilen. Unter der gerechtfertigten Annahme, daß die Spannung weitgehend sinusförmig bleibt, ist auch die Messung des Effektivwertes der Sternspannung (verkettete Spannung) ohne weiteres gegeben. Dagegen gilt dieses für die Messung der Ströme bei gesteuerten Ventilgleichrichtern nur bedingt. Hier liegen verzerrte Kurvenformen vor. Übliche Instrumente sind nur für reinen Gleichstrom oder sinusförmigen Wechselstrom von 50 Hz (oder beides) vorgesehen und geeicht, so daß durch die Wahl ungeeigneter Instrumente erhebliche Meßfehler entstehen können. Das gilt insbesondere für gesteuerte Gleichrichter, da hier bei kleinen Aussteuerungen (große Zündverzögerungen bei kleinen Drehzahlen und Belastungen) diese Verzerrungen ganz erheblich anwachsen. Es gibt zwar Instrumente, die auch in solchen Fällen stets den reinen Effektivwert anzeigen. Sie sind aber hochempfindlich und praktisch nur unter Laborbedingungen bei äußerster Vorsicht verwendbar.

Ähnliche Verhältnisse liegen auch für Instrumente vor, die zur Messung von Strömen und Spannungen des Motors dienen, sich also am Ausgang des eigentlichen Röhrenregelgerätes befinden. Derartige Instrumente sind häufig zu Kontrollzwecken bereits in den Geräten eingebaut.

Um die Grenzen abzustecken, in denen Betriebsinstrumente für die Messung von verzerrten Kurvenformen röhrengeregelter Antriebe verwendet werden können, sind vergleichende Untersuchungen durchgeführt worden. Diese begannen mit meßtechnischen Vergleichen zu den theoretischen Abhandlungen über Kurvenformen und Oberschwingungsanteil gittergesteuerter Gleichrichter, die bereits mehrfach in der Literatur vorzufinden sind. Bereits die ersten Messungen zeigten, daß die dort getroffenen Voraussetzungen in den vorliegenden Fällen nur bedingt zutreffen. Unsymmetrie in den Zündeinsätzen der Röhren gestalten den Anteil der Oberschwingungen primärseitig günstiger und eintretende Lückung des Stromes ungünstiger.

Abbildung 47 zeigt eine Frequenzanalyse der Ausgangsspannung eines Drei-Röhren-Aggregates, gemessen nach dem Terzsieb-Verfahren. Theoretisch sollten Frequenzen unter $3 \cdot 50$ Hz = 150 Hz überhaupt nicht auftreten und die höheren Frequenzen nur ganzzahlige Vielfache von 150 Hz sein, während auf der Netzseite umgekehrt deren Nachbarwerte $n \cdot 3 F_o \pm F_o$ in der Stromkurve vorhanden sein sollten. Die theoretischen Werte sind in Abbildung 47 durch Punkte gekennzeichnet. Ganz oben sind die Schleifenoszillogramme der Spannungen am Motor eingetragen. Aus ihnen wurde der mittlere Zündverzögerungswinkel als Parameter der Meßwerte ermittelt. Obgleich die Bandbreite des verwendeten Terzsiebes gewisse Fehlanzeigen bei der Analyse begründet, zeigt der prinzipielle Verlauf immerhin Übereinstimmung mit der Theorie, soweit kein Lücken des Stromes vorliegt. Beim Überschreiten der Lückgrenze steigt jedoch der Oberschwingungsgehalt erheblich an, weist auch die stetig fallende Tendenz auf. Damit war sichergestellt, daß höhere Oberschwingungen stets von sinkendem Einfluß sein mußten. Die Untersuchungen konnten sich damit auf den unteren Frequenzbereich beschränken.

Von den Instrumenten wurde nun eine typische Reihe von Betriebs- und Prüfinstrumenten ausgewählt. Als Betriebsinstrument für Wechselstromgrößen werden meist solche vom Dreheisentyp verwandt. Prüfinstrumente dagegen sind häufig Vielfachinstrumente mit Drehspulmeßwerk und Gleichrichtern.

Dreheiseninstrumente zeigen prinzipiell den Effektivwert an, da sie nach dem quadratischen Kraftgesetz arbeiten. Fehler treten jedoch dadurch auf, daß ihre Wicklungen einen induktiven und damit frequenzabhängigen Widerstand aufweisen können. Das gilt ganz besonders für Spannungsmesser, weil diese mit sehr vielen Windungen versehen sind und die Induktivität mit dem Quadrat der Windungszahlen ansteigt. Induktivitäten bis zu 10 Hy konnten an derartigen Instrumenten gemessen werden. Das ist bei 50 Hz ohne Belang, weil die Auswirkungen in der Eichung berücksichtigt sind. Um die Auswirkungen bei höheren Frequenzen zu ermitteln, wurden die Instrumen-

Forschungsberichte des Wirtschafts- und Verkehrsministeriums Nordrhein-Westfalen

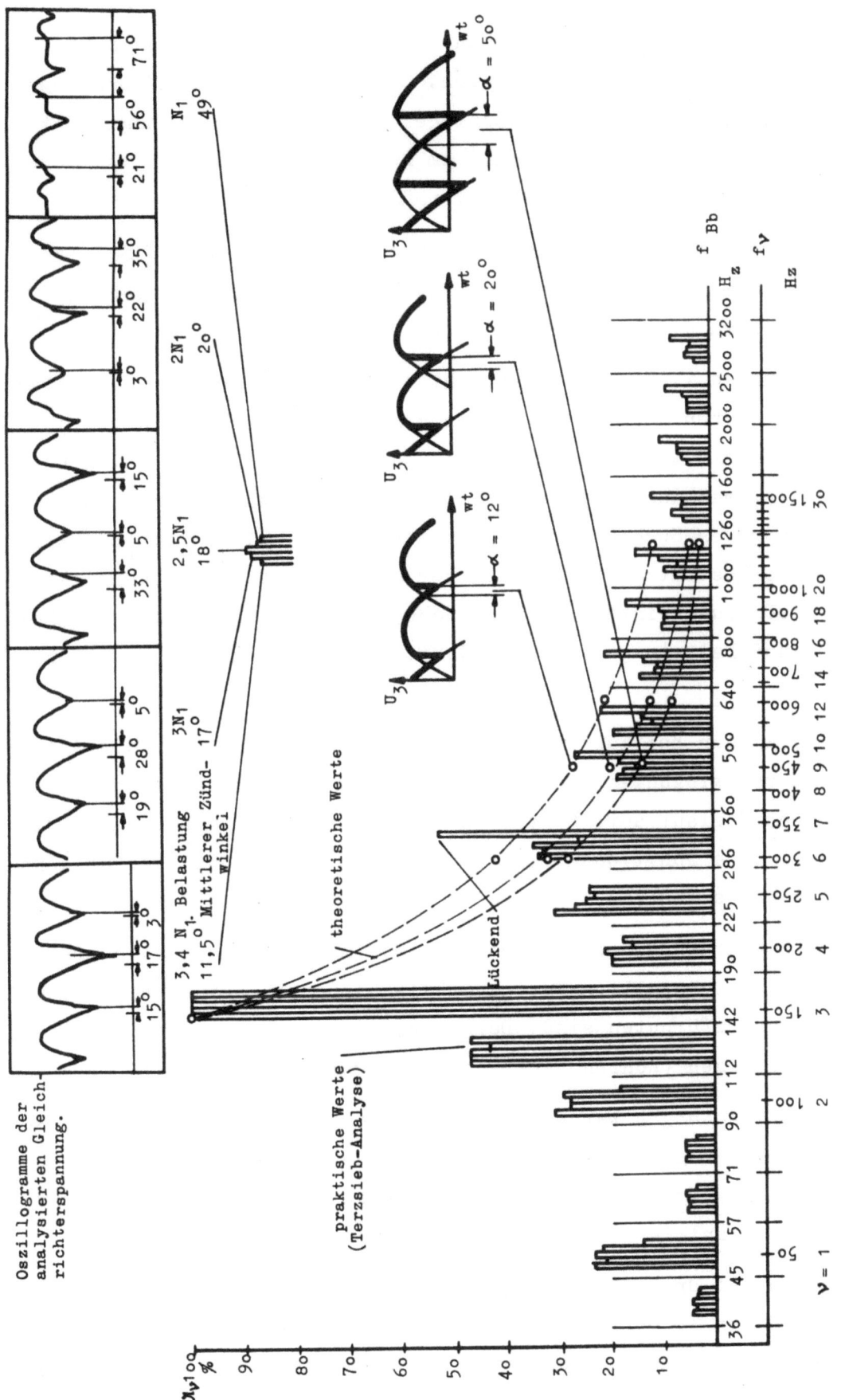

Abbildung 47

Frequenzanalyse von Gleichrichterspannungen eines Dreiphasengleichrichters

tenscheinwiderstände in einer Frequenzgangschreibanlage aufgenommen. Dabei stellten sich jedoch Resonanzerscheinungen heraus, bei denen die Instrumentwiderstände erheblich anstiegen. Obgleich es sich um Spannungsmesser handelt, sind die Zeigerausschläge in Strommessungen begründet. Steigt nun der Instrumentenwiderstand im Resonanzfall auf den 1o-fachen Wert, so sinkt der Strom im gleichen Verhältnis.

Es konnte nachgewiesen werden, daß die Resonanzkreise aus den Schaltkapazitäten der Zuleitungen und den Instrumenteninduktivitäten gebildet wurden. Dabei lagen die Resonanzfrequenzen zwischen 3 und 1o KHz.

Diese Erscheinungen ließen es angebracht erscheinen, die Frequenzanalyse doch weiter zu führen und vor allem ein genaueres Verfahren, die Suchtonanalyse nach GRÜTZMACHER, anzuwenden. Da nur ganzzahlige Vielfache von 5o Hz auftreten, was auch experimentell nachweisbar war, konnte durch Synchronisierung des Suchtones die Aufzeichnung mit einem Lichtpunktlinienschreiber selbsttätig vorgenommen werden. Die doppelte Abhängigkeit des Zünderverzögerungswinkels (als Ursache der Oberschwingungshaltigkeit) von Drehzahl und Belastung ließ sich damit auf einen Parameter zurückführen.

Wie vermutet, wiesen bei lückendem Betrieb die Aufzeichnungen des Anteils bestimmter Oberschwingungen über der Zündverzögerung tatsächlich einen nicht monotonen Verlauf auf. Es traten dabei Maxima und Minima auf, die z.T. an Bessel sche Funktionen erinnerten. Eine Begründung hierfür konnte auch gefunden werden (17).

Immerhin war die Abnahme der auftretenden Maxima stetig und so stark, daß im Bereich der festgestellten Resonanzfälle hierdurch keine wesentlichen Fehlmessungen zu befürchten sind. Derartige Analysen wurden je an einem 2-, 3- und 4-phasigen (Röhren) Aggregat durchgeführt.

Mit diesen Untersuchungen war weitgehend sichergestellt, daß Ergebnisse vergleichender Messungen zwischen Betriebs- bzw. Prüfinstrumenten einerseits und Effektivwertmessungen für Laborzwecke andererseits bei derartigen Stromrichterantrieben allgemeingültig sein dürften.

Im Gegensatz zu den Dreheiseninstrumenten sind Gleichrichterinstrumente nur in Sonderfällen Effektivwertmesser. Ihre Charakteristik richtet sich nach den Gleichrichterkennlinien, die zwischen linearem (mit Anlaufstück) und angenähert quadratischem Verlauf liegen können. Bei Vielfachinstrumen-

Forschungsberichte des Wirtschafts- und Verkehrsministeriums Nordrhein Westfalen

ten, wie sie zu Prüfzwecken verwendet werden, wird die erstere Kennlinie bevorzugt, da diese als Strommesser mit aufgeprägter Spannung arbeiten, als Spannungsmesser mit aufgeprägtem Strom, für beide Messungen aber die gleiche Skala angestrebt wird.

Für die vergleichenden Messungen, die sich ebenfalls über je ein 2-, 3- und 4-phasiges Aggregat erstreckten, wurden als Normalien verwendet:

a) für Strommessungen Thermowandler,

b) für Spannungsmessungen kapazitiver Voltmeter

Beide sind reine Effektivwertmesser.

Es erwies sich dabei:

1) Strommesser der Dreheisentype weisen keine meßbaren Fehler auf. Der induktive Einfluß ist wegen der geringen Windungszahlen ohne Belang. Der relativ hohe Eigenverbrauch, ihr größter Nachteil, spielt in der vorliegenden Aufgabe keine Rolle. Er steigt mit dem Spannungsabfall für höhere Frequenzen linear an. Bei großen Zündverzögerungswinkeln (kleine Drehzahlen und Belastungen) und insbesondere, wenn Lückung des Stromes auftreten kann, ist infolge hoher Stromspitzen Sättigung des Eisens denkbar. Dieser Effekt konnte aber selbst am 2-phasigen Aggregat nicht festgestellt werden (17).

2) Spannungsmesser der Dreheisentype (Abb. 48) weisen Fehler auf, die innerhalb der Toleranzhyperbeln liegen, wenn der gesamte Bereich mit einem Instrument gemessen wird. Bei umschaltbaren Meßbereichen ist Wert auf eine geringe Leistungsaufnahme des Instrumentes zu legen (große Empfindlichkeit), da mit hohen (induktionsfreien) Vorwiderständen zwangsläufig die Frequenzabhängigkeit besser wird (Abb. 49). Die Messung wird immer ungenau.

Zu beachten ist jedoch, daß Dreheiseninstrumente gegen Fremdfelder und Eisenteile empfindlich sind. In der Nähe liegende Eisenteile (Schraubenschlüssel) verursachten bei den Untersuchungen bereits Fehler von 10 %.

3) Gleichrichterinstrumente sind ohne Kenntnis der Kurvenformen ungeeignet. Bei Strom und Spannungsmessungen kann man bei größerer Phasenzahl und kleinen Zündverzögerungswinkeln (große Drehzahl und Belastung) motorseitig im Wechselstrombereich mit einem Fehler von ca. ± 10 % rechnen (Abb. 50 und 51).

Forschungsberichte des Wirtschafts- und Verkehrsministeriums Nordrhein Westfalen

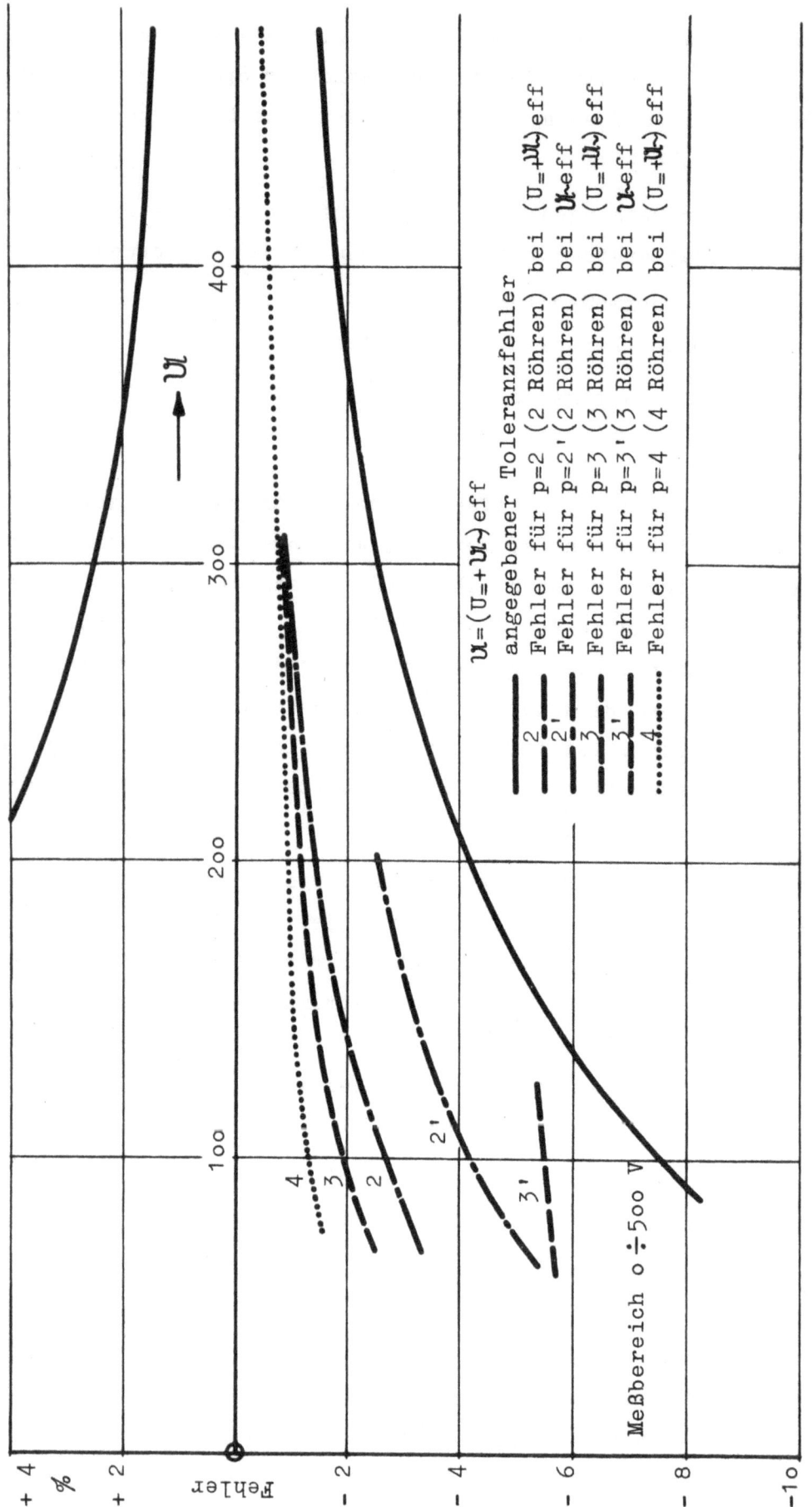

A b b i l d u n g 48

Fehler eines Dreheisen-Einbauinstrumentes
Gossen ∦ ⊥ 1,5 %

Forschungsberichte des Wirtschafts- und Verkehrsministeriums Nordrhein Westfalen

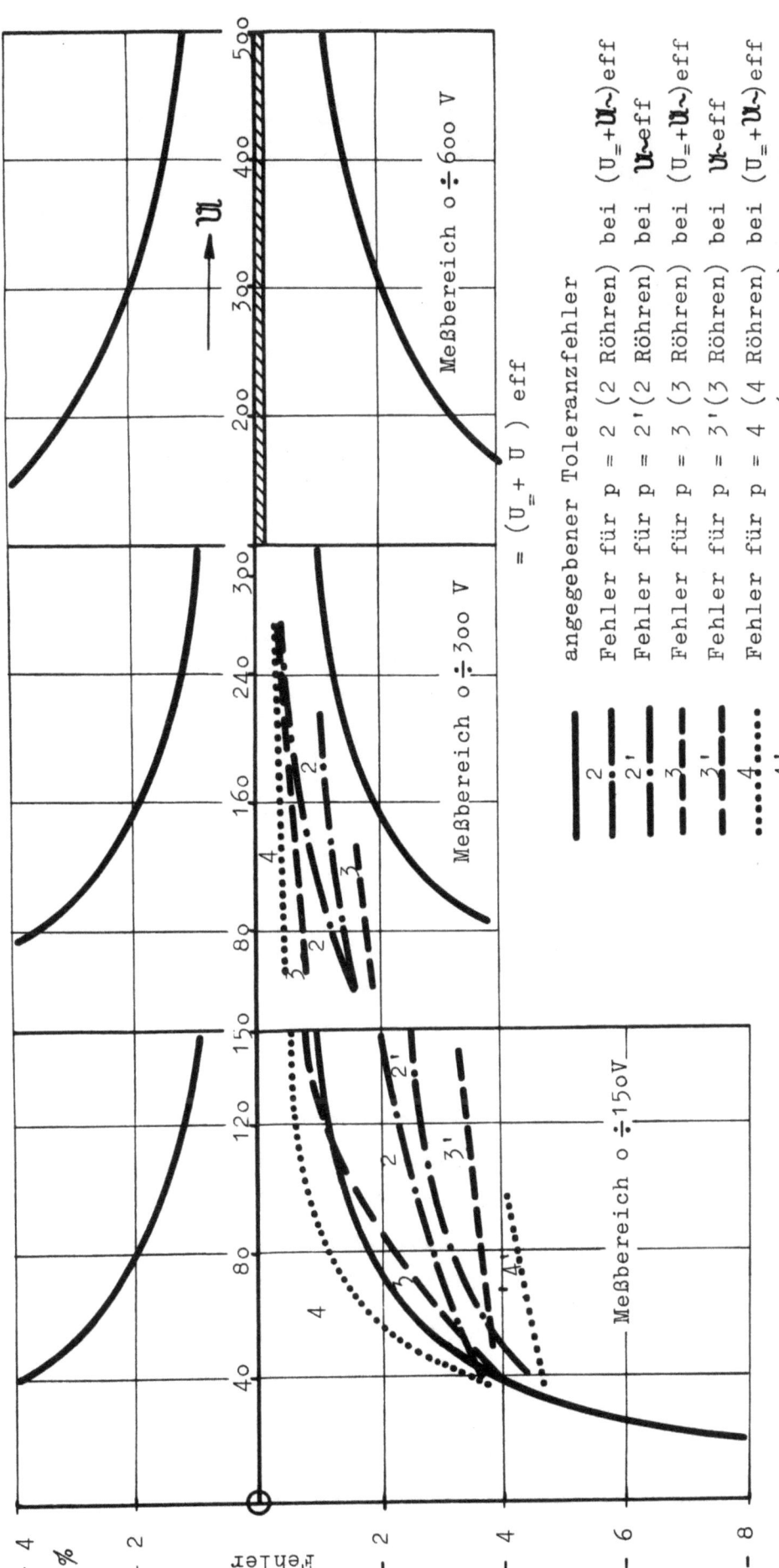

Abbildung 49

Fehler eines Dreheisen-Spannungsmessers mit 3 Meßbereichen
Gossen ⋈ ⊓ 1 %

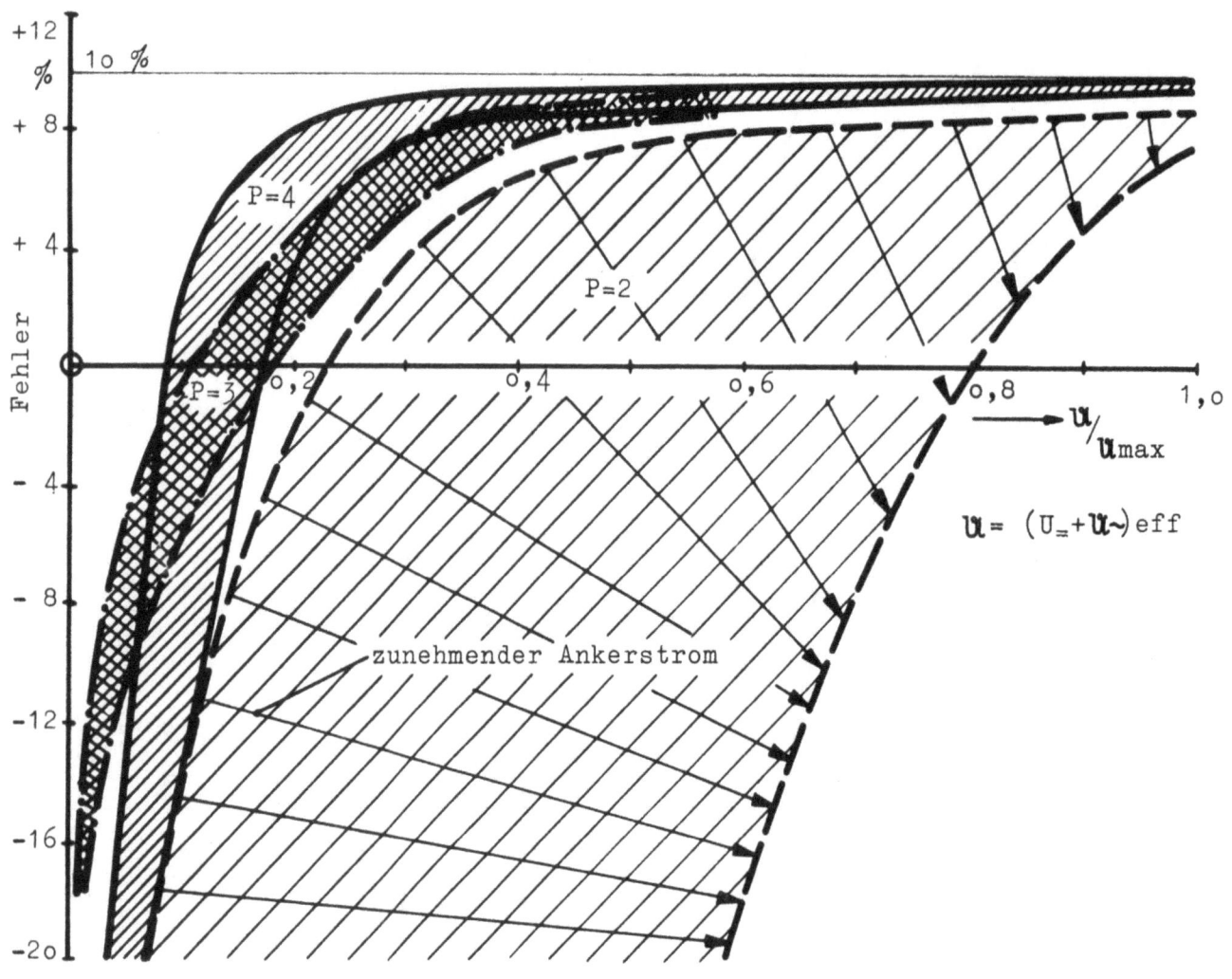

Abbildung 50

Fehlerbereiche eines Gleichrichter-Instrumentes "Multizet" ⇸ ◊ ⊓ 1,5 %

Meßbereich: 0 - 600 V∼ (U = + $\mathfrak{U}$∼)

Da unter derartigen Bedingungen nun der Gleichanteil groß und der effektive (quadratische) Wechselanteil demgegenüber klein ist, wird es zweckmäßiger, nur im Gleichstrombereich derartiger Vielfachinstrumente zu messen. Die Fehler sinken dann auf 1 - 5 % (Abb. 52). Für 2-phasige Aggregate lassen sich derartige Näherungen jedoch nicht angeben.

Bei großen Zündverzögerungen kehren sich die angeführten Verhältnisse genau um. So kann an derartigen Aggregaten bei kleinen Drehzahlen ein Vielfachinstrument, das auf einen Bereich von unter 10 V = geschaltet ist, vom überlagerten Wechselanteil zerstört werden. Selbst wenn ein solches Instrument im Wechselspannungsbereich arbeitet, treten derartige Fehlmessungen auf (70 % und mehr beim 2-phasigen Aggregat), daß dabei das

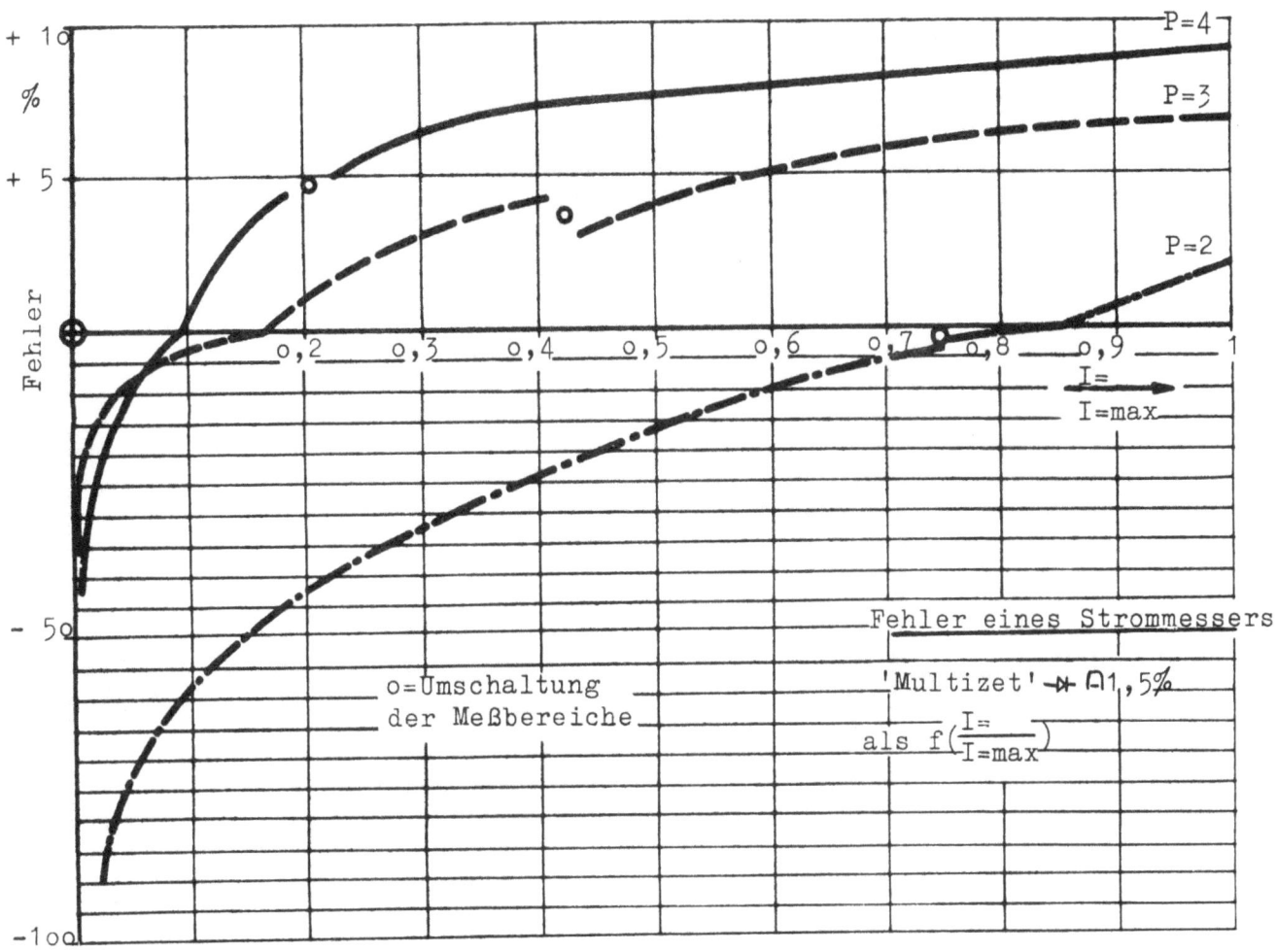

Abbildung 51

Fehler eines Strommessers "Multizet" ⌀ ∩ 1,5 % als $f\left(\frac{I_=}{I_{=max}}\right)$

Instrument gefährdet sein kann. Es empfiehlt sich deshalb, mit halben Zeigerausschlägen in den unteren Bereichen zu arbeiten und größere Meßungenauigkeiten, die ja in diesen Bereichen ohnedies sehr erheblich sind, in Kauf zu nehmen. Das gilt auch für Messungen der reinen Wechselkomponente (z.B. über Kondensatoren) und zwar an derartigen Aggregaten bis zu 60 V Wechselstrom hinauf, da hierbei der wachsende Gleichanteil fehlt, der sonst zum Umschalten veranlassen würde (Abb. 53).

XI. Betrachtungen zur Wirtschaftlichkeit von Steuerungen und Regelungen

Innerhalb der Betriebe ist die Kalkulation bestrebt, das Betriebsgeschehen möglichst genau zu erfassen. Die Erfahrung hat gezeigt, daß dies nur in einem gewissen Maße gelingt. Es fallen z.B. in den Betrieben der

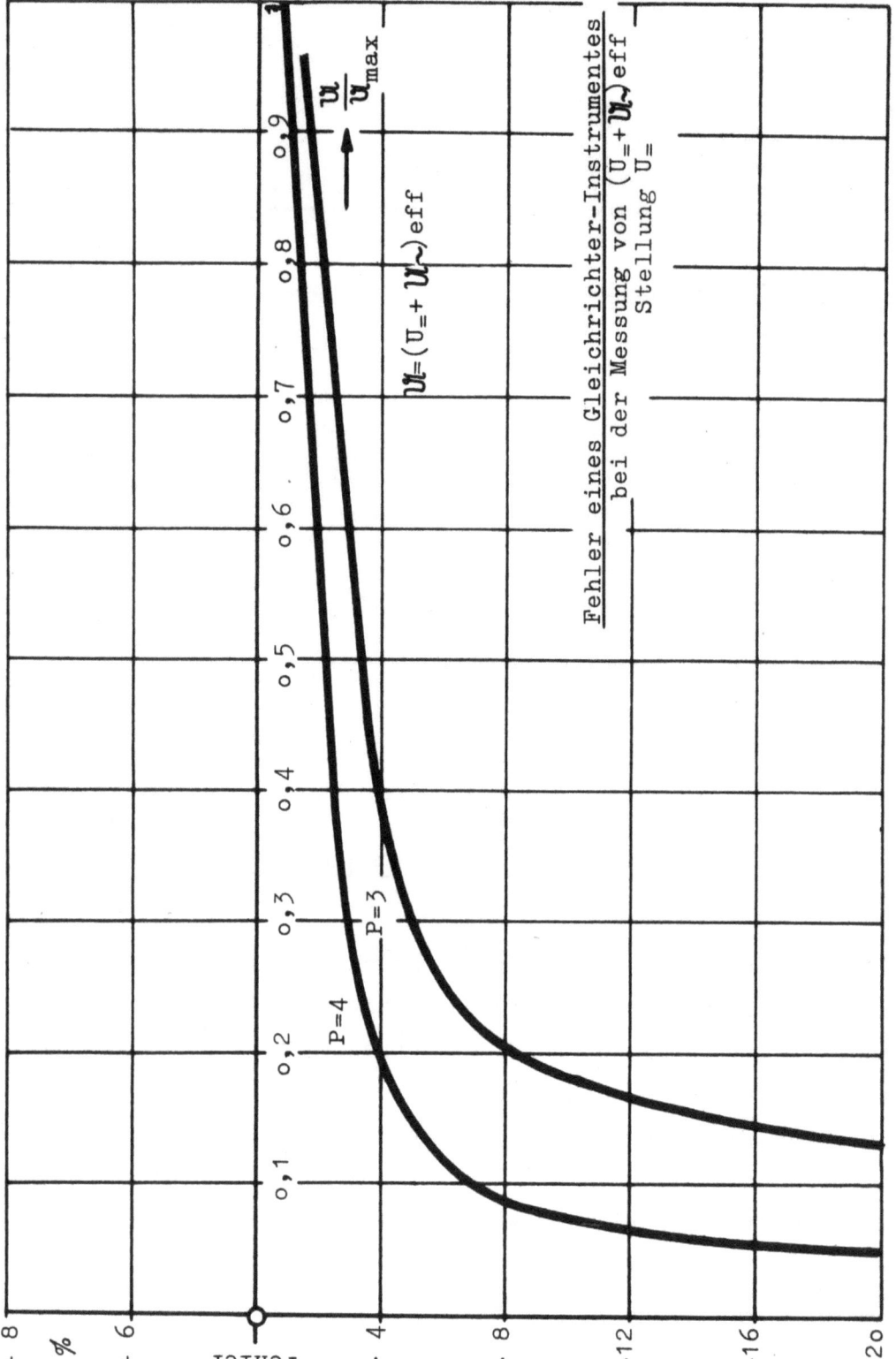

Abbildung 52

Fehler eines Gleichrichter-Instrumentes bei der Messung von $(U_= + U_\sim)_{eff}$ auf Stellung $U_=$

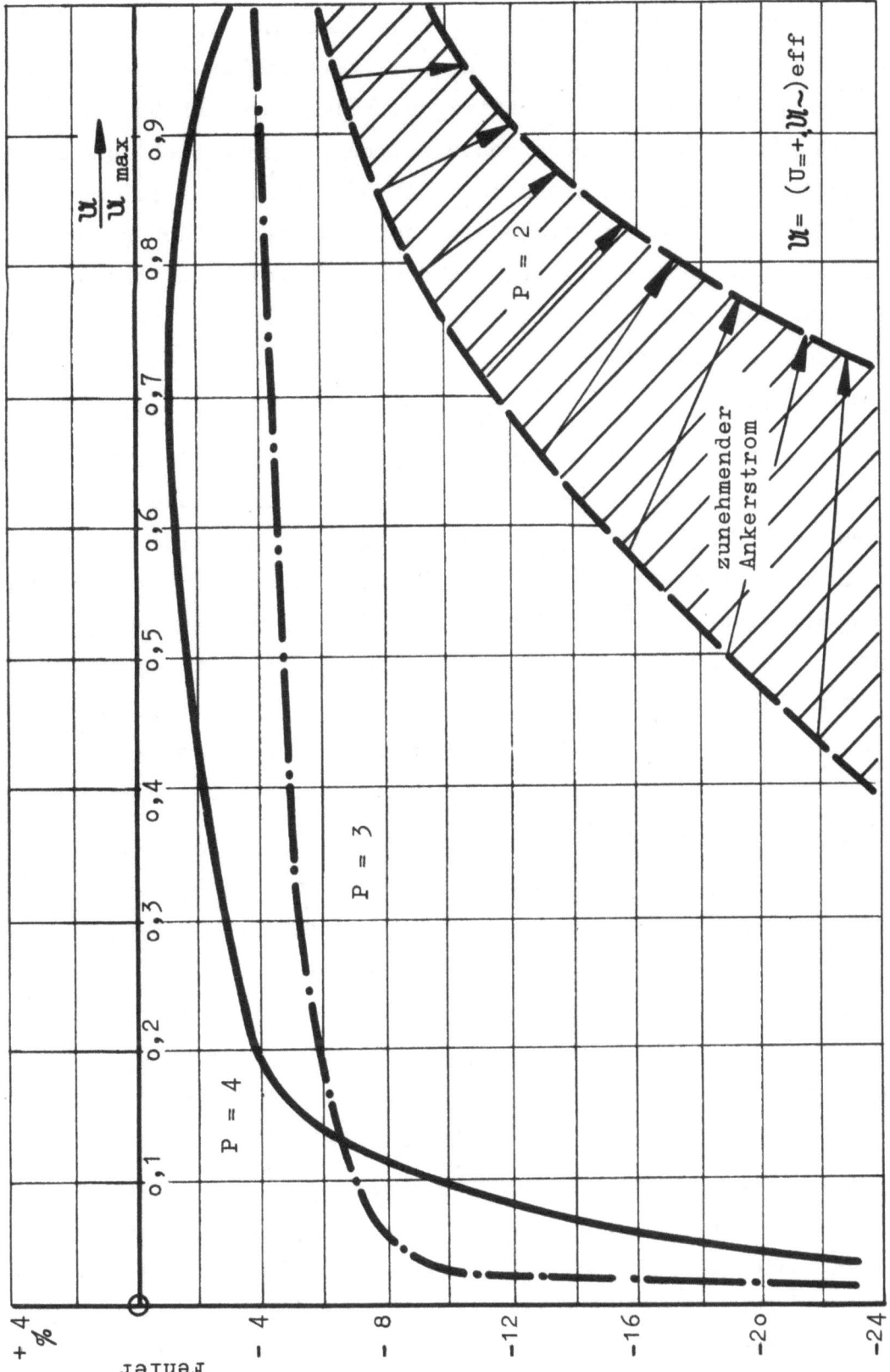

Abbildung 53

Fehler eines Gleichrichter-Instrumentes "Multizet" bei Messung von $U_{eff} \sim$

Forschungsberichte des Wirtschafts- und Verkehrsministeriums Nordrhein Westfalen

spanenden Fertigung, die hier ausschließlich betrachtet werden sollen, etwa 40 bis 50 verschiedene Kostenarten an, die je nach dem Fertigungsverfahren (Drehen, Bohren, Fräsen, Schleifen usw.) verschieden stark in den Vordergrund treten, und ihrer wirtschaftlichen Bedeutung nach zu erkennen und zu ermitteln sind. Es werden heute bei der innerbetrieblichen Kalkulation stets wesentliche Kostenarten - Abschreibungen, Verzinsungen, Gebäudekosten, Steuern - ermittelt, jedoch geht eine wesentlich größere Anzahl von Kostenarten unkontrollierbar in einem oft beträchtlichen Gemeinkostenzuschlag auf. Die wesentlichsten dieser Kostenarten zu erkennen und durch geeignete Maßnahmen zu mindern, ist ein wichtiges Problem der Rationalisierung.

Die oben gekennzeichnete Sachlage zeigt deutlich die Schwierigkeiten bei der Ermittlung der absoluten Kosten auf, die bei den verschiedenen Verfahren der spanenden Fertigung im Betrieb anfallen. Es hat sich gezeigt, daß man wesentlich einfacher bei der Kostenermittlung vorgehen kann, wenn man Verfahrensvergleiche anstellt. Werden zwei Verfahren verglichen, so kann eine Anzahl von Kosten, deren Höhe bei ihnen gleich ist, außer Betracht bleiben. Eine weitere Vereinfachung bietet der bezogene Verfahrensvergleich insofern, als man leicht die Kostenarten absehen kann, die sich in den beiden Verfahren nicht wesentlich voneinander unterscheiden.

Der bezogene Verfahrensvergleich erstreckt sich also auf bestimmte Fälle. Er dient somit ebenfalls der Rationalisierung des Betriebsgeschehens. Allerdings kann dadurch nicht die Ermittlung der absoluten Kosten überflüssig gemacht werden. Es besteht offensichtlich sonst die Gefahr, daß an solchen Stellen im Betrieb rationalisiert wird, an denen der wirtschaftliche Erfolg nur einen Bruchteil des Erfolges an einer anderen Stelle im Betrieb ausmacht. So haben die Kostenermittlung und der bezogene Verfahrensvergleich ihre feste Stellung innerhalb der Rationalisierungsarbeit.

Bei der Beurteilung von Steuerungen und Regelungen kommt man stets mit dem bezogenen Verfahrensvergleich aus, da es sich um genau spezifizierte Fragestellungen handelt. Die Fragestellung kann je nach den in den Vordergrund tretenden Kostenarten außerordentlich verschieden ausfallen und das anzuwendende Verfahren der Kostenermittlung muß dabei der Intuition dessen überlassen bleiben, der den Verfahrensvergleich durchzuführen hat. Selbst die Größenordnung einer Anzahl von Kostenarten ist heute noch weiten Kreisen unbekannt, und es müssen abschätzende Verfahren zeigen, ob

Forschungsberichte des Wirtschafts- und Verkehrsministeriums Nordrhein Westfalen

in sehr engem, jedoch im Interesse der Rationalisierung noch genauer zu klärendem Zusammenhang.

1. Verfahrensvergleiche und Festlegung der optimalen Losgrößen in der Massenfertigung

Betrachtet man die Bauarten der heute üblichen Werkzeugmaschinen vom Standpunkt der Produktivität aus, so kann man zwei große Gruppen unterscheiden:

1) Werkzeugmaschinen für die Massenfertigung und
2) Maschinen für Einzel- und Reihenfertigung.

Auch in der baulichen Durchbildung prägt sich dieser Unterschied aus, und die Anwendung der modernen Antriebs- und Steuerungstechnik erstreckt sich bei den beiden Gruppen auf verschiedene Gebiete.

Die Maschinen der Massenfertigung sind, was den Antrieb anbelangt, dadurch gekennzeichnet, daß sie längere Zeit mit gleichen Drehzahlen laufen. Bei der Durchbildung des Antriebes braucht also kein besonderer Wert auf die Möglichkeit eines raschen Drehzahlwechsels gelegt zu werden. Demzufolge kommt man hier mit den bisher üblichen Steuer- und Schaltelementen (Druckknöpfe, Schütze usw.) aus. Trotzdem findet man auch hier Anwendungen der modernen Steuerungstechnik.

Bei der zweiten Gruppe, den weniger automatisierten Maschinen der Einzel- und Reihenfertigung, ist die Tendenz der Nebenzeitverkürzung durch Bedienungserleichterung noch deutlicher ausgeprägt. Hier sind es im Besonderen die Zeiten für den Drehzahlwechsel, die man abzukürzen wünscht. Läßt sich z.B. eine Revolverdrehbank älterer Bauart nur im Auslauf, d.h. mit erheblicher Nebenzeit schalten, so ist der bedienende Arbeiter versucht, einzelne Arbeitsgänge mit ungeeigneter Drehzahl, d.h. Schnittgeschwindigkeit, auszuführen, insbesondere dann, wenn er nach Ablauf dieses Arbeitsganges wieder auf die vorherige Drehzahl zurückschalten muß. Dieser Umstand bedeutet entweder eine Hauptzeitverlängerung, bei der die Werkzeuge nicht ausgenutzt werden, oder eine Verlustzeitverlängerung, da mit zu hoher Schnittgeschwindigkeit gearbeitet wird. Die Werkzeuge verschleißen zu schnell und müssen nach kürzerer Zeit neu eingerichtet werden. Neben den Kosten für dieses Neueinrichten fallen auch noch die Kosten für den Nachschliff ins Gewicht.

Hier bringen nun die Vorwähl- und Programmschaltungen eine Reihe von Vorteilen. Das zuvor gekennzeichnete Problem lösen sie vollkommen. Ferner

Forschungsberichte des Wirtschafts- und Verkehrsministeriums Nordrhein Westfalen

es sich für eine bestimmte Kostenart lohnt, hier überhaupt zu rationalisieren.

So sind im Rahmen dieses Forschungsvorhabens drei Abhandlungen entstanden, die sich mit der Abschätzung der Wirtschaftlichkeit von Steuerungen und Regelungen befassen. Dabei war es möglich, zu einem gewissen Teil auf bekannte Verfahren der Kalkulation zurückzugreifen und deren Abwandlungen hinsichtlich der aufgeworfenen Fragestellung aufzuzeigen. In diesem Zusammenhang kam es darauf an, die Bereiche des wirtschaftlichen Einsatzes der mit Steuerungen und Regelungen ausgerüsteten Maschinen abzugrenzen. Dieses Ziel ist noch nicht vollständig erreicht worden, und es dürfte sich auch wohl kaum vollständig erreichen lassen. Mit diesen Ausführungen sollten vielmehr Anregungen für das Vorgehen des Kalkulators im Einzelfall gegeben werden.

Im Rahmen der zur Verfügung stehenden Unterlagen war es bei der Abfassung der drei folgenden Abhandlungen nicht möglich, gewisse Faktoren zu berücksichtigen, die ebenfalls die Kosten der Verfahren beeinflussen können. So ist z.B. die Häufigkeitsverteilung des in zwei der folgenden Arbeiten genannten Durchmesserverhältnisse $d_a : d_i$ ohne umfangreiche Beobachtungen in den Fertigungsbetrieben nicht zu ermitteln. Dasselbe gilt beim Plandrehen auch für die Ausbruchsgefahr der Schneidplättchen bei Schnittgeschwindigkeiten unter 50 m/min, die von den im Plättchen vorhandenen Löt- und Schleifspannungen abzuhängen scheint. Diese Zufälligkeit macht die Beobachtung größerer Stückzahlen erforderlich. Derartige Arbeiten sind nach Wissen der Bearbeiter weder im In- noch im Auslande durchgeführt worden. Da man es dabei mit verhältnismäßig kleinen Stückzahlen zu tun haben wird, wären die Verfahren der Korrelationsrechnung anzuwenden. Auch über die Reparaturanfälligkeit der einzelnen Steuerelemente liegen noch keine Erfahrungswerte vor. Es besteht darüber hinaus noch durchaus die Möglichkeit, daß die mit einer Regelung ausgerüstete Maschine reparaturanfälliger wird, da sie über eine weitaus größere Zeitdauer bei größerer Leistungs- und Drehmomentausnutzung betrieben wird. Hieraus ergeben sich wiederum Anhalte für konstruktive Verbesserungen der Werkzeugmaschinen.

Es ist hieraus ersichtlich, daß die Wirtschaftlichkeitsbetrachtungen viele Faktoren umfassen müssen, deren Berücksichtigung erst nach und nach gelingen wird. Gerade die Durchbildung der Antriebe und Steuerungen steht

wird man weitgehend von der Geschicklichkeit des bedienenden Arbeiters unabhängig. Dies erleichtert den Einsatz angelernter Arbeitskräfte, ein Vorteil, der bei unserem heutigen Facharbeitermangel sehr wesentlich sein kann. Auch die Arbeitszeitermittlung gestaltet sich einfacher, da der Anteil der "beeinflußbaren Nebenzeiten" zurückgeht. Hier wird eine Quelle oft hartnäckiger Reibereien zwischen Zeitnehmer und Arbeiter beseitigt. Obgleich die beiden zuletzt genannten Vorteile sich unbedingt kostenmäßig bemerkbar machen, sollen sie von den im nächsten Abschnitt folgenden Betrachtungen ausgeschlossen werden, da sie nur schwer zu erfassen sind.

Bei den üblichen Kalkulationsverfahren, in denen mit Haupt-, Neben- und Verlustzeiten gerechnet wird, spiegelt sich - abgesehen von eventuell geringeren Werkzeugkosten, die oft noch nicht einmal im Einzelfall ermittelt werden - der durch die Anwendung der Vorwähl- und Programmschaltung zu erzielende Gewinn an Nebenzeit am stärksten wieder. Die Verkürzung der Nebenzeiten spielt natürlich bei Werkstücken mit kurzer Hauptzeit die größte Rolle. Die Verhältnisse sind am leichtesten zu übersehen, wenn man die Summe der Hauptzeiten bei der Herstellung eines Werkstückes ins Verhältnis setzt zur Summe der Nebenzeiten. Man drückt die gesamte Hauptzeit dann in Prozenten der Nebenzeiten aus, ebenso die Nebenzeitverkürzung, die mit vk bezeichnet sei. Ferner führt man zweckmäßig den Begriff der Stückleistung ein. Hierunter versteht man die Anzahl der Werkstücke, die in der Zeiteinheit gefertigt wird. Zwischen den Zeiten und der Stückleistung besteht der Zusammenhang:

$$t = (t_h + t_n) \cdot V^{-1}$$

Hierbei ist V der Verlustzeitzuschlag zur Grundzeit in Prozenten. Die Stückleistungserhöhung in Prozenten ist mit St bezeichnet.

Dann ist:
$$St = \frac{vk}{(100 + t_h - vk)} \cdot 100 \%$$

(s. Abb. 54)

An Hand dieser Formel kann man sich überzeugen, daß bei einer Summe der Hauptzeiten von 1000 % der gesamten Nebenzeiten und einer Nebenzeitverkürzung vk von 50 % die Stückleistung um 5 % steigt. Dies ist ein absichtlich ungünstig gewähltes Beispiel. Bei einer Gesamthauptzeit von 200 % der Nebenzeiten und einer Nebenzeitverkürzung von 40 % steigt die Stück-

Forschungsberichte des Wirtschafts- und Verkehrsministeriums Nordrhein Westfalen

leistung dagegen um 15 %. Das zuletzt gewählte Zahlenbeispiel dürfte wohl für die reichlich mit Nebenzeiten bislang ausgeführten Arbeiten an einer Radialbohrmaschine als Standardbeispiel anzusprechen sein. Wird im zuletzt erwähnten Fall die Nebenzeit statt um 40 % um 50 % verkürzt, so ergibt sich eine Steigerung der Stückleistung um 20 %. Diese Nebenzeitverkürzungen lassen sich mit normalen Vorwählschaltungen immer erreichen. Auch an kleineren Revolverdrehbänken, die vorwiegend Teile mit kleiner Stückzeit bearbeiten, sind Vorwählschaltungen immer lohnend. Hier hat man noch den Schritt zur Programmschaltung in mehreren Konstruktionen erfolgreich beschritten. Nun ist diese Leistungssteigerung für den Betrieb nur dann von Interesse, wenn die Leistung mit angemessenen Kosten erreicht wird. Dies besagt folgendes:

Eine Maschine, die mit den modernen Steuerungselementen ausgerüstet ist, möge teurer sein als eine Maschine der bisher üblichen Ausführung. Sie muß dies nicht unbedingt sein, es wird dies lediglich angenommen, da nur dieser Fall für eine Kostenbetrachtung, auf die man sich bei der Anschaffung der Maschine stützen muß, interessiert. Man wird also für die Entscheidung, ob eine Maschine, die teurer und leistungsfähiger als eine andere ist, angeschafft werden soll, folgende Daten benötigen:

1) die Hauptzeit der bisher auf einer älteren Maschine gefertigten Teile, bzw. einen Hauptmittelwert,
2) die Nebenzeiten auf den zu vergleichenden Maschinen, d.h. damit die Nebenzeitverkürzung,
3) die Anschaffungskosten der Maschinen.

Man kann nach den bisherigen Betriebserfahrungen die Gebrauchsdauer von ähnlichen Maschinen als einander gleich annehmen. Dann sind die Kosten für Abschreibung und Verzinsung proportional den Anschaffungskosten. Ab hier sollen nun folgende Indizes gebraucht werden:

Index 1 für das Fertigungsverfahren vor der Umstellung, also für eine Maschine mit den bisher üblichen Steuerungslelementen, Index 2 für das Verfahren nach der Umstellung, also z.B. für die Maschine mit Vorwähl- oder Programmsteuerung.

Bei jeder Umstellung des Fertigungsverfahrens sind zunächst sorgfältige Überlegungen anzustellen, welche Kostengruppen von ihr betroffen werden. Ist dies vollständig durchdacht, so kann man durch numerische oder

Forschungsberichte des Wirtschafts- und Verkehrsministeriums Nordrhein Westfalen

grafische Rechnung zum Kostenvergleich schreiten. Das grafische Verfahren bietet den Vorteil, daß man ohne großen Arbeitsaufwand die Zusammenhänge klar übersehen kann. Aus diesem Grunde soll hier ein solches Verfahren beschrieben werden, das zur Beantwortung der Frage: "Wie sind die Fertigungsverfahren am günstigsten in der Reihen- und Massenfertigung einzusetzen?" entwickelt wurde. Grundsätzlich ist nach der kostengünstigsten Losgröße bei den einzelnen Fertigungsverfahren gefragt. Durch die grafische Behandlung gewinnt man jedoch noch Einblick in weitergehende Zusammenhänge, z.B. den Kostenanstieg, der sich ergibt, wenn man sich in der Stückzahl von der günstigsten Losgröße entfernt. Diese Frage interessiert besonders im Zusammenhang mit der Abschätzung des Risikos bei den verschiedenen Fertigungsverfahren. Für die mit modernen Steuerungs- und Regelungselementen ausgerüsteten Maschinen ergeben sich hier interessante Perspektiven.

Oberflächlich wird der Verfahrensvergleich vielfach durch Aufzeichnen der "Kostenschere" (Abb. 55) vorgenommen. Über der Stückzahl sind die gesamten Kosten der Fertigung aufgetragen. Dieses Diagramm ist am einfachsten zu ermitteln, da man nur zwei Werte zu berechnen braucht und dadurch die sich ergebenden Geraden festlegt.

Über der Stückzahl Null sind die Einrichte-, Werkzeug- und alle anderen Kosten aufgetragen, die entstehen, bevor die Fertigung zum Anlauf kommt. Die Steigung der aufgetragenen Geraden ist durch die Kosten für die gefertigte Einheit gegeben. Eine "Einheit" braucht dabei nicht in einem einzigen Werkstück zu bestehen, es können darunter auch 1oo, 1ooo, 1o ooo Stück usw. oder ein Monatsbedarf an dem betreffenden Werkstück verstanden werden. Die Steigung der Geraden wird überwiegend so ermittelt, daß man die aus Haupt-, Neben- und Verlustzeit zusammengesetzte Stückzeit pro Einheit mit dem Lohn- und Gemeinkostensatz multipliziert. Man erkennt hier unschwer die Bedeutung der Nebenzeitverkürzung. Dieser Punkt wird noch deutlicher in Erscheinung treten, wenn man sich noch genauer mit der Kostenermittlung befaßt, wie dies nun geschehen soll. Zunächst ist zu der bisher behandelten und auch üblichen Darstellung der Kostenschere zu sagen, daß sie nur für einen Sonderfall gilt, der in der betrieblichen Praxis nur selten vorkommt: beide Fertigungsverfahren müßten, wenn diese Kostenschere gelten soll, hinsichtlich ihrer Kapazität gerade ausgenutzt sein.

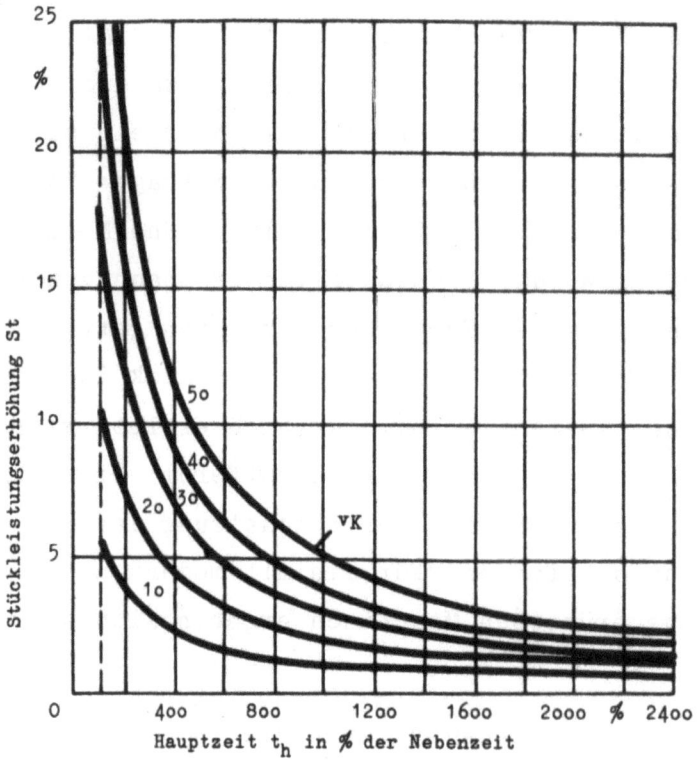

Abbildung 54

Da die einzelnen Verfahren in den meisten Fällen auch verschiedene Stundenleistungen gestatten, ist die Kostenschere in der bisher beschriebenen Form nicht anzuwenden. Der Istzustand, in dem sich üblicherweise eine Fertigung befindet, ist in Abbildung 56 dargestellt. Nachdem eine gewisse Stückzahl hergestellt worden ist, wird in den meisten Fällen die Maschine für ein anderes Werkstück eingerichtet. Später erfolgt dann wiederum ein Umrichten auf das zuerst gefertigte Werkstück. Das Schaubild ist nun für ein und dasselbe Werkstück gezeichnet. Zwischen den Fertigungskosten für das Los fallen die Umrichtekosten (zwischen den Losen) laufend an. Zweckmäßig sind sie nun auf das Los oder besser auf die gefertigte Einheit umzulegen. In den einzelnen Verfahren ergeben sich dann andere Steigungen der Geraden, da die Steigung durch die Fertigungskosten je Einheit gegeben ist. Dies ist in Abbildung 56 u. 57 dargestellt. Der Schnittpunkt der Geraden, unter dem die Stückzahl gleicher Wirtschaftlichkeit (beider Verfahren) liegt, hat sich gegenüber der Abbildung 55 verschoben. Man erkennt unschwer, daß es ganz von der in einem gewissen Zeitabschnitt aufgelegten Losgröße abhängt, wo dieser Schnittpunkt liegt. Hier taucht nun die Frage auf, wie die Losgröße überhaupt zu wählen ist,

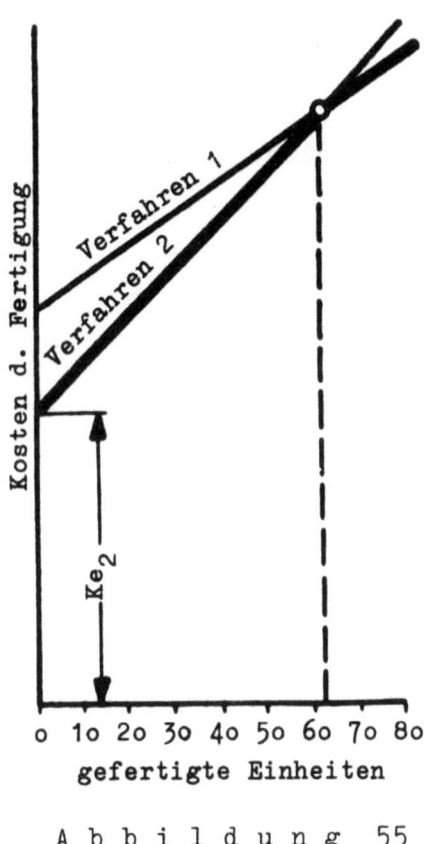

Abbildung 55

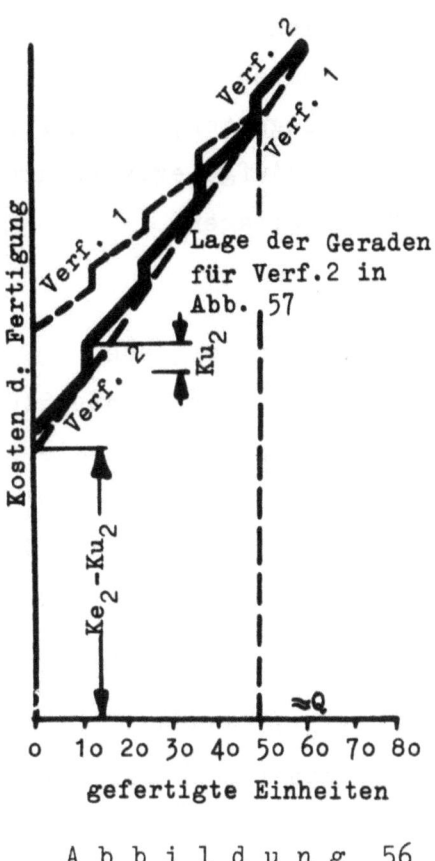

Abbildung 56

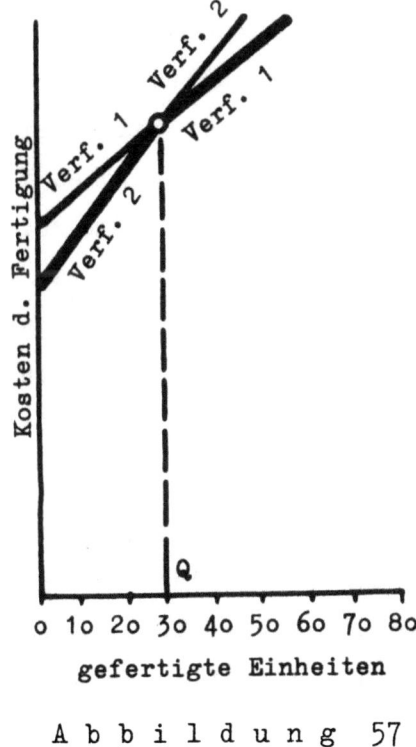

Abbildung 57

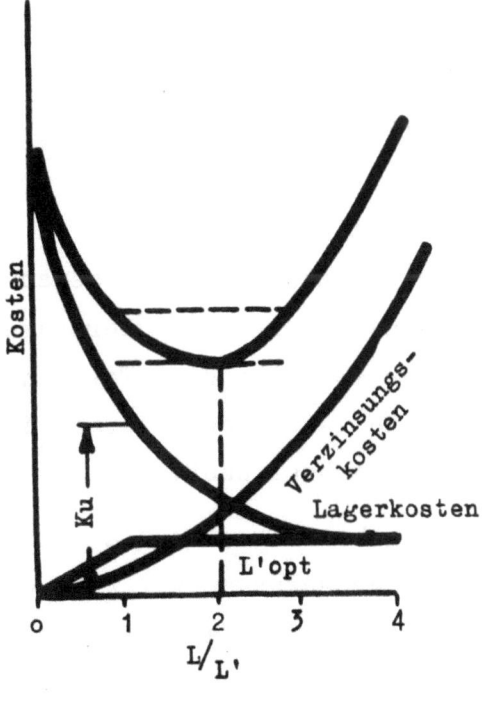

Abbildung 58

d.h. man muß sich entscheiden, wie weit man auf Lager arbeitet. Hierzu sind weitere Kostenbetrachtungen erforderlich. Abbildung 58 zeigt qualitativ die Überlegungen, die anzustellen sind. Die Kosten sind hier über einem Kennwert "Aufgelegte Losgröße zu in der Zeiteinheit verbrauchte Stückzahl" aufgetragen.

Es bedeuten:

L   die aufgelegte Losgröße,   gemessen in Einheiten

L'   die monatlich verbrauchte Stückzahl,   "   "   "

K_u die Umrichtekosten, auf die gefertigte Einheit umgelegt

K_l die Lagerkosten, auf die gefertigte Einheit umgelegt und

K_z die Verzinsungskosten, die dadurch entstehen, daß die auf Vorrat gefertigten Werkstücke am Lager liegen.

Im einzelnen gelten die folgenden Beziehungen:

$K_u = U : (L : L')$, worin U die Kosten für das Umrichten bedeutet.

K_l = konst., wobei L größer ist als L'.

$K_z = K (1 - (L/L')) e^{(kn/100)}$ worin bedeuten:

K   den Wert der gefertigten Einheit

e   die Basis der natürlichen Logarithmen

k   den Zinsfuß in Prozenten.

Die obere Kurve der Abbildung 58 ergibt sich einfach durch Addition der unteren, hierbei können der Einfachheit halber die Lagerkosten außer Betracht bleiben, da sie oberhalb der Größe L/L' = 1 konstant und unterhalb diesem Wert gering sind. Die obere Summenkurve zeigt ein deutliches Minimum auf. Natürlich ist es nicht möglich, die diesem Kostenminimum zugeordnete optimale Losgröße genau einzuhalten. Im allgemeinen wird der Werkstatt eine Unter- oder Überschreitung der aufgegebenen Stückzahl zugebilligt. Man muß also eine Toleranz in den Fertigungskosten zulassen. In Abbildung 58 ist diese Toleranz durch die beiden gestrichelten waagerechten Linien gekennzeichnet.

Hieraus geht folgendes klar hervor: Der Betrieb ist daran interessiert, daß die Summenkurve in der Nähe ihres Minimums möglichst flach verläuft. Dies ist z.B. der Fall, wenn verhältnismäßig wertlose Werkstücke gefertigt werden, was jedoch in den meisten Fällen nicht zutrifft. Weiter ist dies dann der Fall, wenn die Umrichtekosten klein sind. Hier prägen sich die Vorteile, die die neuzeitliche Steuerungstechnik dem Betrieb zu bie-

Forschungsberichte des Wirtschafts- und Verkehrsministeriums Nordrhein Westfalen

ten hat, in der Kalkulation am deutlichsten aus. Unterschiede, die sich bei der üblichen Art der Kostenermittlung nach Abbildung 55 überhaupt nicht zeigen, treten nun klar zutage. Es wird für den Betriebsmann, der sich zur Anschaffung irgendeines Maschinentyps entschließen muß, zweckmäßig sein, wenn die Kostenschere für den Fall aufgestellt wird, daß die verglichenen Verfahren am kostengünstigsten arbeiten. Nach dem angegebenen Kalkulationsverfahren geschieht dies unter Mitberücksichtigung folgender Größen, deren Einfluß auf die innerbetriebliche Kostenzusammensetzung evident ist:

>Kosten der ersten Einrichtung,
>Kosten für das Umrichten,
>Kosten für die Fertigung einer Einheit,
>monatlicher Bedarf,
>Lagerkosten je Einheit,
>Zinsfuß für das im Lager festgelegte Kapital.

Aus dieser Aufstellung geht hervor, daß bei diesem Kalkulationsverfahren die innerbetrieblichen Gegebenheiten die ihnen zukommende Berücksichtigung finden. Das Verfahren soll den Betriebsmann in die Lage versetzen, unter erträglichem Arbeitsaufwand sich zahlenmäßige Unterlagen zu verschaffen, um so die Entscheidung über die Anschaffung einer mit den Elementen der modernen Steuerungstechnik und Regelungstechnik ausgerüsteten Werkzeugmaschine zu treffen.

2. Vergleich der Wirtschaftlichkeit bei Drehvorgängen mit und ohne Schnittgeschwindigkeitsregelung

In Abschnitt V wurde aufgeführt, welche technischen Möglichkeiten zur stufenlosen Drehzahlverstellung vorhanden sind. Da letzten Endes bei diesen Fragen die Wirtschaftlichkeit derartiger Antriebe ausschlaggebend ist, wurde an Hand einiger Beispiele eine solche Wirtschaftlichkeitsuntersuchung angestellt.

Zweck der Aufgabe war es, ein Kriterium aufzustellen, unter welchen Voraussetzungen der Einsatz von Drehbänken mit elektronischer Schnittgeschwindigkeitsregelung wirtschaftlicher ist, als der Einsatz von normalen Produktionsdrehbänken.

Für die Betrachtungen mußten gleichwertige Maschinen und zwar Kopierdrehbänke zu Grunde gelegt werden, deren Drehzahlen im einen Fall durch einen

Forschungsberichte des Wirtschafts- und Verkehrsministeriums Nordrhein Westfalen

elektronisch gesteuerten Motor geregelt und im anderen Fall durch ein feinstufiges Rädergetriebe geschaltet werden. Der Anschaffungswert der Maschinen verhält sich dabei wie 1,6 : 1.

Es wurden zunächst die verschiedenen Grundarten der Drehvorgänge betrachtet und die Fertigungszeiten (Hauptzeiten) für das Drehen bei konstanter Schnittgeschwindigkeit und bei konstanter Drehzahl gegenübergestellt.

1) Plandrehen
2) Kegeldrehen
3) Längsdrehen mehrfach im Durchmesser gestufter Drehlinge mit konstanter Bearbeitungszugabe (Schmiedestücke)
4) Längsdrehen.

Die Bearbeitungszeit $t_n = c$ wurde in allen Fällen mit 100 % zu Grunde gelegt. Das Verhältnis der Fertigungszeiten ist durch den Ausdruck $\varepsilon_t = \frac{t_{v=c}}{t_{n=c}}$ gekennzeichnet, wobei die Indices $v = c$ konstante Schnittgeschwindigkeit und $n = c$ konstante Drehzahl bedeuten.

Wie Abbildung 59 zeigt, hängt beim Plandrehen eine Zeitersparnis lediglich vom Durchmesserunterschied ab. Ist das Durchmesserverhältnis $\frac{da}{di} = 1$, (Längsdrehen), ist das Zeitverhältnis $\varepsilon_{t\ Plan} = 1$. Mit zunehmendem Durchmesserunterschied verschiebt es sich immer weiter zu Gunsten der konstanten Schnittgeschwindigkeit und nähert sich asymptotisch $\varepsilon_{t\ Plan} = 0,5$ für $\frac{da}{di} = \infty$.

Beim Kegeldrehen liegen die gleichen Verhältnisse vor, entscheidend ist allein das Durchmesserverhältnis. Für das Drehen eines Kegels mit $di = 0$ ergibt sich ebenfalls bei $v = $ const. eine Zeitersparnis von 50 %.

Der dritte Fall kommt in der Praxis zweifellos am häufigsten vor. Wegen der Vielzahl der möglichen Variationen sollen hier die Verhältnisse an einem bestimmten Bearbeitungsbeispiel erläutert werden, bei dem sowohl Längs- als auch Planbearbeitung nötig ist. Hierbei ergibt sich bei einem Durchmesserunterschied von $\frac{da}{di} = 15 : 1$ - größere Durchmesserunterschiede wurden nicht berücksichtigt, weil der Drehzahlbereich der Drehbänke meist nicht über 1 : 15 hinausgeht - ein Zeitverhältnis $\varepsilon_t = 0,33$.

Erscheint der Einsatz von stufenlos geregelten Drehbänken für reines Längsdrehen zunächst als unsinnig, so zeigen doch nähere Überlegungen, daß auch hier die Verwendung von elektronisch geregelten Drehbänken wirtschaftlicher sein kann.

Forschungsberichte des Wirtschafts- und Verkehrsministeriums Nordrhein Westfalen

Beim Drehen von legiertem Stahl hat sich z.B. eine Schnittgeschwindigkeit von 90 m/min als zweckmäßig erwiesen. Das ergibt bei einem Drehdurchmesser von 100 mm eine Drehzahl von 286 min^{-1}. Unter der Annahme, daß die normale Drehbank nach der Normreihe $\varphi = 1,26$ gestuft ist, würde die Drehzahl 236 oder 300 zu wählen sein. Wird die Drehzahl 236 gewählt, so ergibt sich gegenüber der optimalen Drehzahl von 286 ein Zeitverhältnis von $\varepsilon_t = \frac{n_{n=c}}{n_{v=c}} = 0,82$. Man sieht also, daß sogar beim Längsdrehen unter gewissen Voraussetzungen die stufenlose Drehzahlverstellung erheblich günstigere Zeiten ergibt.

Die Bedeutung der Fertigungszeiten darf jedoch nicht überschätzt werden. In erster Linie entscheidend sind nicht die Fertigungszeiten sondern die Fertigungskosten.

Es wurden daher allgemeingültige Berechnungsformeln entwickelt und die oben angeführten Werkstücke für die verschiedenen Bearbeitungsarten durchkalkuliert.

Bei der Kostenrechnung (18) wurden folgende Werte zu Grunde gelegt:

Verwendetes Material:

Stahl C 35
Standzeitkurve nach AWF
Neigung der Standzeitgeraden: $C_2 = -3,2$
Bearbeitung mit Hartmetall TT2
Vorschub $s = 0,2$ mm/U
Verschleißmarkenbreite VB = 0,5 mm

Werkzeugkosten:

Anschaffungswert :	20.-- DM
Restwert :	2.-- DM
Anzahl der möglichen Nachschliffe :	15
Kosten je Nachschliff :	1.50 DM

Lohnkosten:

Stundenlohn des Arbeiters :	2.-- DM
Gemeinkostenzuschlag :	300 %
Restgemeinkostenzuschlag :	200 %

Forschungsberichte des Wirtschafts- und Verkehrsministeriums Nordrhein Westfalen

Maschinenkosten:

    a) Drehbank mit Stufengetriebe : 3.-- DM/h
    b) Drehbank mit Elektronikantrieb : 5.-- DM/h

Die Ergebnisse beim Plandrehen zeigt Abbildung 59. Unterhalb des Wertes $\frac{da}{di} = 3$ sind die Bearbeitungskosten bei der gestuften Drehbank günstiger, während oberhalb dieses Durchmesserverhältnisses das Drehen mit konstanter Schnittgeschwindigkeit wirtschaftlicher ist. Die Zeitkurve liegt immer im Bereich der stufenlosen Drehbank und verläuft asymptotisch gegen den Wert $\varepsilon_{t\,Plan} = 0{,}5$.

Der Kosten- und Zeitvergleich beim Längsdrehen mehrfach im Durchmesser gestufter Drehlinge zeigt Abbildung 60.

Unterhalb des Durchmesserverhältnisses $\frac{da}{di} = 1{,}5$ liegt die gestufte Drehbank günstiger, oberhalb die stufenlose. Bei $\frac{da}{di} = 1$, d.h. beim reinen Längsdrehen, ist allein das Verhältnis der Fertigungskosten pro Zeiteinheit entscheidend. Es wurden weiterhin Kostenschaubilder entwickelt, aus denen zu ersehen ist, in wie weit die anfallende Stückzahl die Wirtschaftlichkeit beeinflußt.

Aus diesen Kostenschaubildern (Abb. 61 u. 62) lassen sich folgende Angaben entnehmen:

a) Die kritische Stückzahl, d.h. die Stückzahl, bei der der Einsatz der Schnittgeschwindigkeitsregelung lohnend wird.

b) Die kritische Fertigungszeit, d.h. die Zeit, die benötigt wird, um nach dem einen oder anderen Verfahren die kritische Stückzahl herzustellen.

c) Die kritischen Kosten, d.h. die Kosten, die bei beiden Verfahren aufgewendet werden müssen, um die kritische Stückzahl zu erreichen.

Die Angaben für zwei Beispiele des Plan- und zwei Beispiele des Längsdrehens sind in folgender Tabelle zusammengefaßt (s. S. 125):

Überraschend hoch sind die kritischen Stückzahlen. Bemerkenswert ist jedoch, daß sich die kritischen Kosten in einem wesentlich engeren Bereich halten.

In den meisten Fällen sind die anfallenden Serien nicht so groß, daß der kritische Punkt überschritten wird. Ein großer Vorteil der aufgestellten

Forschungsberichte des Wirtschafts- und Verkehrsministeriums Nordrhein-Westfalen

da : di	krit. Stückzahl	krit. Fertigungszeit		krit. Kosten
		t_v=const. (min)	t_h=const. (min)	DM
Plandrehen				
15 : 1	55 000	155 000	290 000	65 000
4 : 1	1 850 000	350 000	550 000	107 000
Längsdrehen				
15 : 1	6 500	40 000	132 000	40 000
4 : 1	45 000	77 000	185 000	48 000

Kostenschaubilder liegt darin, daß sie in der Praxis auch für kleinere Serien verwendet werden können, indem man nämlich die Kostenschaubilder kombiniert. Liegen also die Kalkulationen für verschiedene Werkstücke vor, bei denen aber jedes nicht in der nötigen Stückzahl anfällt, trägt man die Werte aneinander an.

In Abbildung 63 sind diese Verhältnisse dargestellt und zwar für

    10 000 Stück Plandrehen 8 : 1
    10 000 Stück Längsdrehen 2 : 1
    10 000 Stück Plandrehen 15 : 1
    10 000 Stück Längsdrehen 8 : 1

In diesem Fall ist zufällig gerade nach 40 000 Werkstücken die krit. Stückzahl bei den krit. Kosten von 50 000.-- DM erreicht. Hier ist $\varepsilon_K = \dfrac{K_v = \text{const}}{K_n = \text{const}} = 1$, d.h. jede weitere Serie wird auf der Drehbank mit Schnittgeschwindigkeitsregelung wirtschaftlicher, d.h. kostengünstiger bearbeitet.

Das Verhältnis der Bearbeitungszeiten ist hingegen nicht von der Stückzahl abhängig, es ist nur bedingt durch die geometrischen Abmessungen der Werkstücke.

Die angeführten Beispiele zeigen, daß ein abschließendes Urteil über die Wirtschaftlichkeit nicht allgemein gefällt werden kann. Von entscheidender Bedeutung sind allein die Betriebsverhältnisse, unter denen der Einsatz von Drehbänken mit oder ohne Schnittgeschwindigkeitsregelung erfolgen soll.

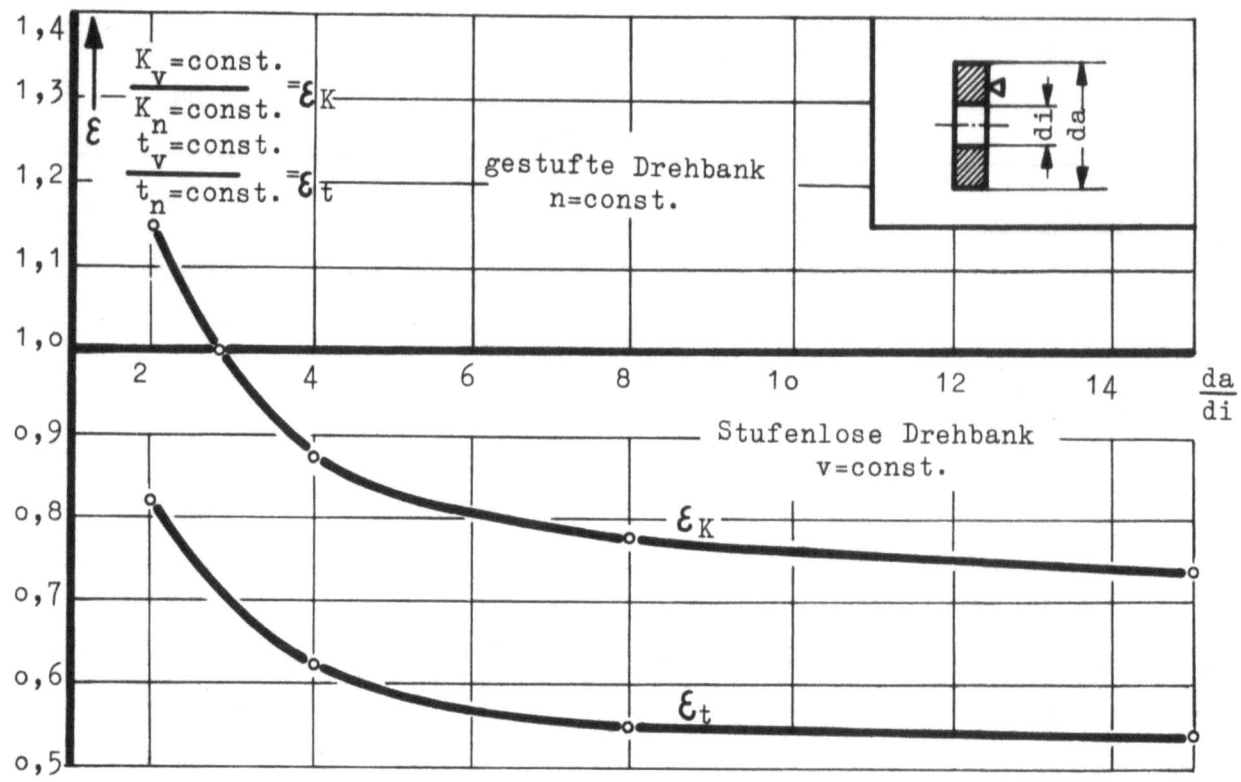

Abbildung 59

Kosten und Zeitvergleich beim Plandrehen

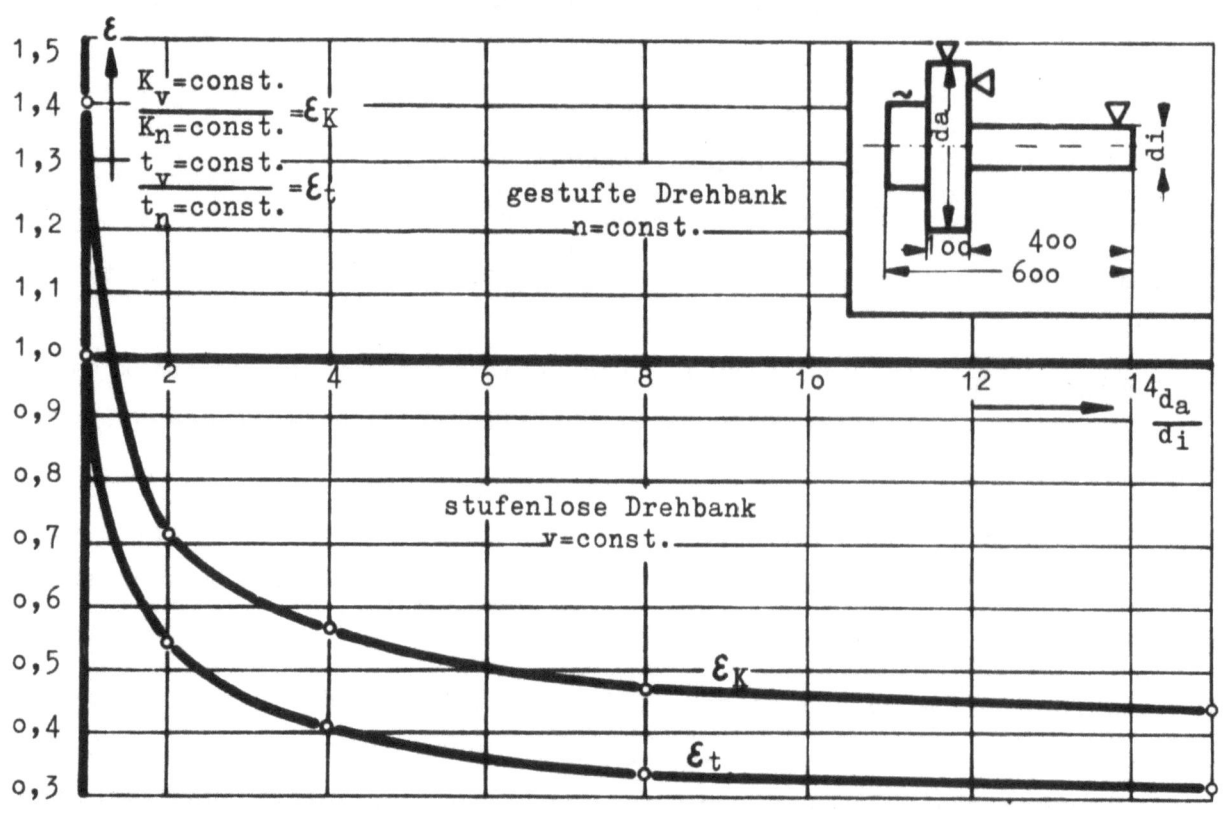

Abbildung 60

Kosten und Zeitvergleich beim Längsdrehen

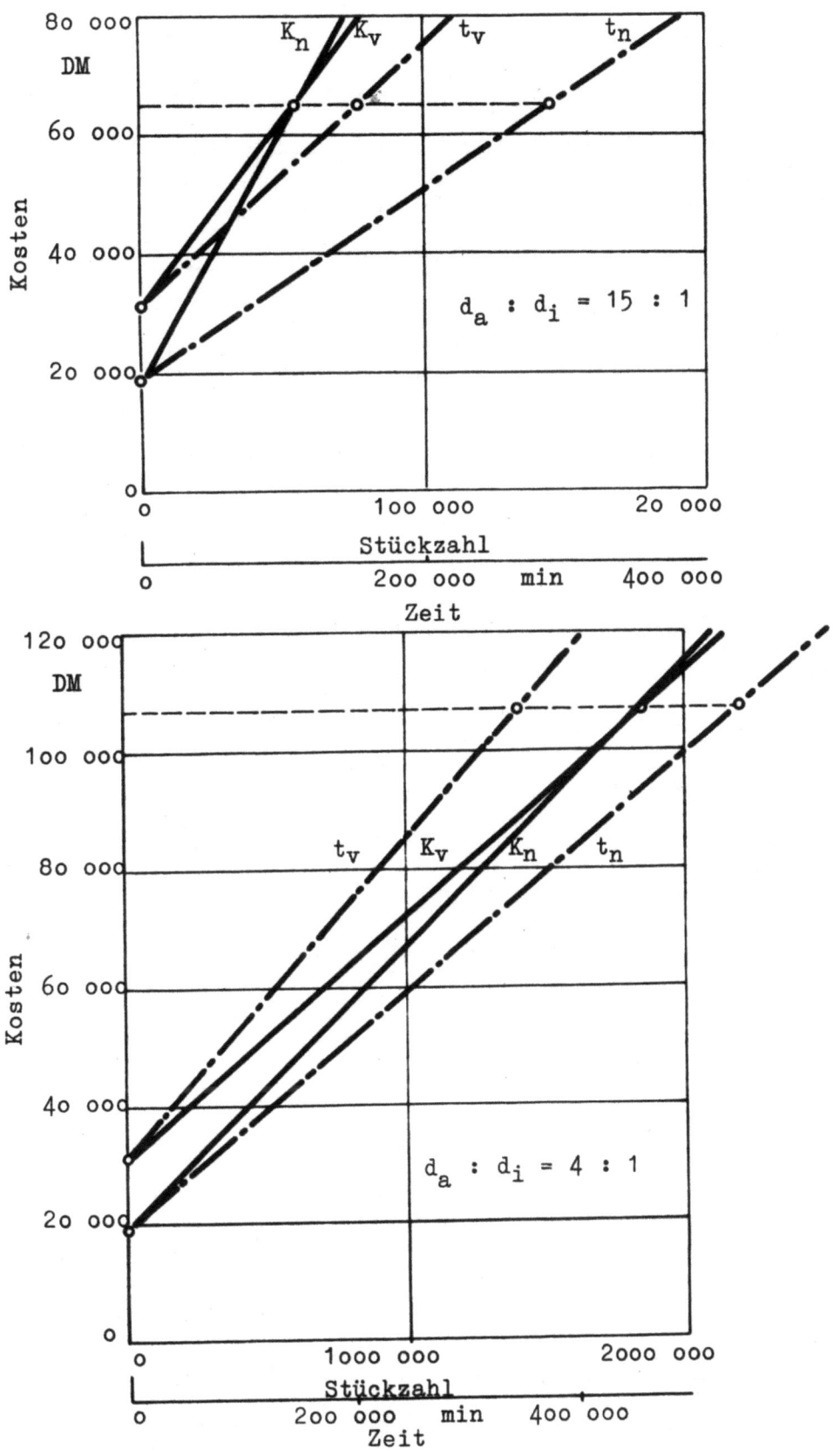

Abbildung 61
Kostenschaubilder Plandrehen

Forschungsberichte des Wirtschafts- und Verkehrsministeriums Nordrhein Westfalen

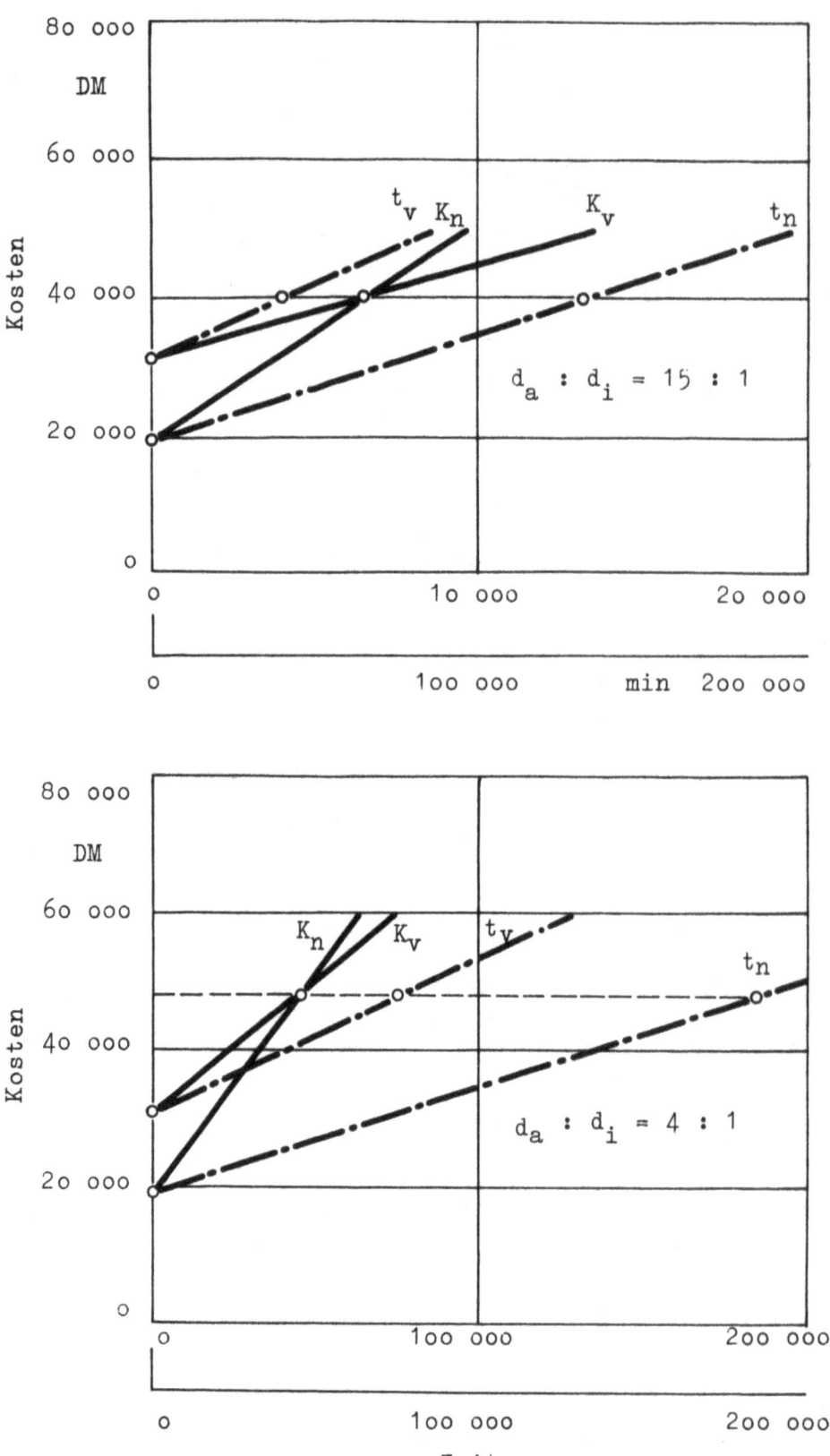

Abbildung 62
Kostenschaubilder Längsdrehen

Forschungsberichte des Wirtschafts- und Verkehrsministeriums Nordrhein-Westfalen

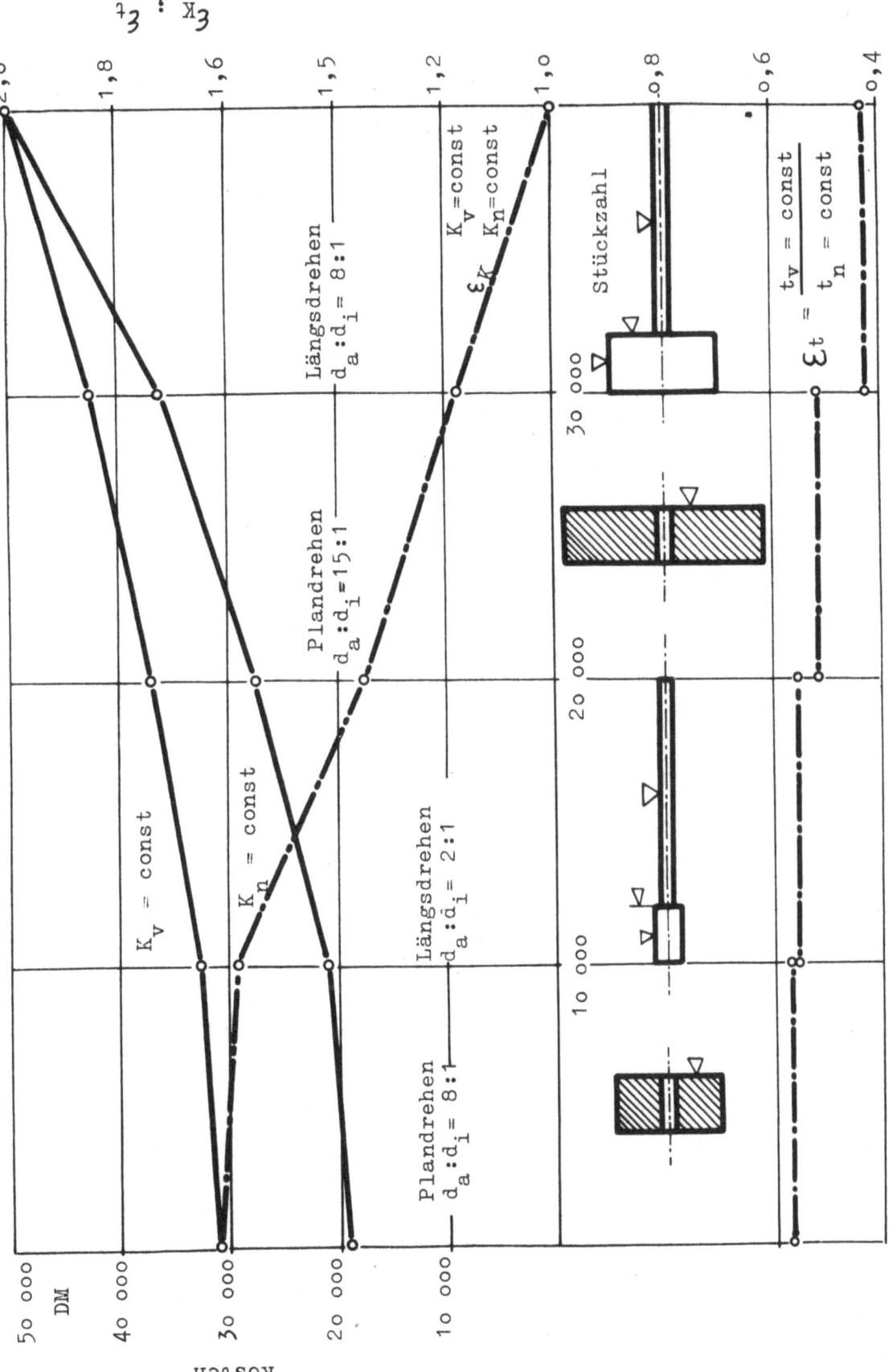

Abbildung 63
Kostenschaubild verschiedener Dreharbeiten

Forschungsberichte des Wirtschafts- und Verkehrsministeriums Nordrhein Westfalen

3. Über die Wirtschaftlichkeit der stufenlosen Drehzahlregelung

Maßnahmen zur Steigerung der Wirtschaftlichkeit an Werkzeugmaschinen.

Zur Erreichung größter Wirtschaftlichkeit bei der spanabhebenden Bearbeitung sind - wie anschließend erläutert werden wird - viele Faktoren zu erfassen und in ein Rechenschema einzuordnen. Es muß voll ausgenutzt werden:

a) die Maschine,
b) das Werkzeug,
c) die Zeit.

Diese drei Größen beeinflussen sich gegenseitig und bestehen - jede für sich - aus einer Reihe weiterer Faktoren, die kurz erläutert werden sollen:

Zu a)

Die Maschine soll ausgenutzt werden hinsichtlich vollständiger Leistungs- und Drehmomentausnutzung, außerdem soll der jeweilige Zerspanungsvorgang mit kostengünstigster Schnittgeschwindigkeit durchzuführen sein. Die kostengünstigste Schnittgeschwindigkeit hängt ihrerseits wieder ab von den Kosten je Maschinenstunde, den Löhnen, der Paarung Werkstück- und Werkzeugstoff und eventuell auch vom dynamischen Verhalten der gewählten Maschine. Letzteres gilt vornehmlich für die höheren Drehzahlen und die Starrheit der Werkstücke.

Zu b)

Die Bedeutung der Werkzeugkosten für die kostengünstigste Schnittgeschwindigkeit wurde schon seit längerer Zeit erkannt (19), (20). Eine neuere Untersuchung hat jedoch ergeben, daß die kostengünstigste Schnittgeschwindigkeit außerordentlich stark mit dem zu Grunde gelegten Verschleißkriterium schwanken kann. So muß die Kostenrechnung mit den neueren Erkenntnissen der Zerspanungsforschung über den Meißelverschleiß (21) stets Schritt halten. Entsprechende Untersuchungen sind am Institut für Werkzeugmaschinen und Betriebslehre der T.H. Aachen zur Zeit im Gange. Es müssen hierbei die Wiederanschliffkosten als Funktion der Verschleißform untersucht werden. Die Verschleißform ist wiederum eine Funktion der Schnittgeschwindigkeit, des Vorschubes und der Spantiefe. Die kostengünstigste Schnittgeschwindigkeit hängt wiederum von den Wiederanschliffkosten ab. Allein aus dieser Konzeption läßt sich die verwickelte Problemstellung der kostengünstigsten Schnittgeschwindigkeit erkennen.

Forschungsberichte des Wirtschafts- und Verkehrsministeriums Nordrhein Westfalen

Zu c)

Nach der Terminologie des AWF setzt sich die Grundzeit aus Haupt- und Nebenzeiten zusammen. Die Hauptzeiten sind durch die optimalen Zerspanungsbedingungen gegeben. Die Nebenzeiten können durch konstruktive Maßnahmen an den Werkzeugmaschinen in gewissen Grenzen gehalten bzw. verkürzt werden. Andererseits darf der bauliche Aufwand für Einrichtungen zur Nebenzeitverkürzung nicht zu hoch getrieben werden, da die Kosten für die Maschinenstunde durch erhöhte Abschreibung und Verzinsung und evtl. noch durch erhöhte Reparaturanfälligkeit der Maschine ansteigen können. Es wird auch hier ein Kostenminimum geben, das noch näher zu untersuchen ist. Qualitativ kann man sagen, daß der Aufwand zur Minderung der Nebenzeiten umso höher getrieben werden darf, je kürzer die Hauptzeiten und je höher der Nebenzeitanteil ist.

Der stufenlos regelbare Antrieb im Rahmen der Maßnahmen zur Verbesserung der Wirtschaftlichkeit, Problemstellung

Über die Eigenheiten und Möglichkeiten stufenlos regelbarer Antriebe ist von Seiten der Hersteller bereits häufig berichtet worden (22). Auf dem 6. Aachener Werkzeugmaschinenkolloquium wurde das Thema zur Diskussion gestellt, wobei sich herausstellte, daß von der Seite der Zerspanung noch keine zahlenmäßigen Angaben, z.B. über die Wirtschaftlichkeit eines stufenlos geregelten Hauptantriebes gemacht werden konnten (23). Die Kosten für den regelbaren Hauptantrieb hängen vor allem von der abzugebenden Leistung ab. Es werden Mehrkosten gegenüber den gestuften Antrieben, insbesondere dann entstehen, wenn große Drehmomente abzugeben sind. Auch spielt oft die Frage der Nebenzeiten eine Rolle.

Soll ein stufenlos regelbarer Antrieb mit bester Wirtschaftlichkeit arbeiten, so sind folgende Faktoren miteinander in Einklang zu bringen:

d) Verwirklichung optimaler Zerspanungsbedingungen
e) Leistungsausnutzung der Werkzeugmaschine
f) Drehmomentausnutzung der Werkzeugmaschine
g) kleine Nebenzeiten der Werkzeugmaschine.

KIENZLE (24) hat versucht, diese Frage in den Punkten d), e) und f) zu lösen, indem er für die Maschinen Ausnutzungsschaubilder aufstellt. Er legt hierbei eine bestimmte Standzeit des Werkzeuges fest, deren Bestimmung er offen läßt. Hier müssen wiederum die im ersten Abschnitt aufge-

Forschungsberichte des Wirtschafts- und Verkehrsministeriums Nordrhein Westfalen

führten Wirtschaftlichkeitsbetrachtungen angestellt werden. Es soll hierbei nicht verschwiegen werden, daß man "Norm-Werkstücke" zu Grunde legen muß, bei denen Werkstückform, Bearbeitungszugaben und Werkstoff statistisch durch Betriebsbeobachtungen - etwa aufgeschlüsselt nach Fabrikationszweigen - festzulegen wären. Man kann bereits aus diesen Angaben unschwer erkennen, daß dies mit verhältnismäßig großem Arbeitsaufwand verbunden ist. Der Nutzen solcher Ermittlungen liegt darin, daß man der Werkzeugmaschinenindustrie Angaben über die Auslegung der Maschinen - und zwar nicht ausschließlich für die Auslegung des Antriebes - machen kann.

Eine große Anzahl von Werkstücken unserer Maschinenindustrie weist z.B. Plan- und Kegelflächen auf, die durch Drehen zu bearbeiten sind. Soll die stufenlose Drehzahlregelung nach ihrer Wirtschaftlichkeit untersucht werden, so sind folgende Verfahren zu untersuchen:

a) Plan- und Kegeldrehen mit konstanter Schnittgeschwindigkeit
b) Plan- und Kegeldrehen mit konstanter Drehzahl.

Die stufenlose Drehzahlregelung erlaubt die Anwendung des Verfahrens a). Beim Verfahren b) tritt - abhängig vom augenblicklichen Arbeitsdurchmesser - ein Schnittgeschwindigkeitsabfall auf, der verlängernd auf die Standzeit einwirkt. Zuverlässige Angaben über diese Standzeitverlängerung fehlen bis heute und können wohl nur aus Plandrehversuchen bei konstanter Drehzahl gewonnen werden. Es sollen nachstehend die Einflußgrößen genannt werden, die bei diesen Versuchen zu berücksichtigen sind:

1) das Verhältnis von größtem zu kleinstem Durchmesser $d_a : d_i$
2) die Schnittgeschwindigkeit am größten Durchmesser d_a
3) die Spantiefe
4) der Vorschub.

Es ist bereits von Langdrehversuchen her bekannt, daß für die Veränderlichen 2) bis 4) ein großer Werkstoff- und Arbeitsaufwand erforderlich ist. Beim Plan- und Kegeldrehen mit konstanter Drehzahl tritt noch eine weitere Einflußgröße 1) hinzu. Die Aufstellung von Standzeitschaubildern wäre deshalb mit einer noch wesentlich größeren Anzahl von Einzelversuchen verbunden.

Es wurde deshalb die Aufgabe gestellt, die bereits vorliegenden umfangreichen Versuchsergebnisse bei den Langdrehversuchen für die Festlegung der Tendenz der Standzeitverlängerung auszuwerten.

Forschungsberichte des Wirtschafts- und Verkehrsministeriums Nordrhein Westfalen

Die Abschätzung des Werkzeugverschleißes beim Plandrehen mit konstanter Drehzahl

Auf Grund der weiter unten angeführten empirischen Gesetzmäßigkeiten für den Werkzeugverschleiß läßt sich ein grafisches Verfahren für die Abschätzung des Werkzeugverschleißes angeben. Hat man die Gültigkeit des Verfahrens an Stichversuchen nachgeprüft und auch die Gültigkeit der Tendenzen bestätigt gefunden, so kann man eine Anzahl weiterer Plandrehversuche einsparen und die in den Stichversuchen ermittelten Werte mit größerer Sicherheit interpolieren.

Die Verschleiß- und Standzeitkurven werden bekanntlich im Langdrehversuch so ermittelt, daß die Schnittgeschwindigkeit konstant gehalten wird, d.h. die Drehzahl wird umgekehrt proportional dem Durchmesser verstellt. Beim Plandrehen mit Regelung für konstante Schnittgeschwindigkeit herrschen dieselben Verhältnisse, wenn man von den geringfügigen Unterschieden in der Spanbildung absieht. Beim Konischdrehen werden diese Unterschiede umso kleiner, je geringer die Steigung des Kegels wird.

Beim Plan- und Konischdrehen (Abb. 64) ändert sich die Schnittgeschwindigkeit mit der Zeit wie folgt:

Plandrehen (Abb. 64a):

$$(1a) \qquad v(t) = \frac{\pi \cdot n}{1000} \left\{ d_a - 2 \cdot s \cdot n \cdot t \right\}$$

Konischdrehen mit Leitlineal oder Kopiervorrichtung (Abb. 64b):

$$(1b) \qquad v(t) = \frac{\pi \cdot n}{1000} \left\{ d_a - 2 \cdot \frac{x}{l} \cdot s \cdot n \cdot t \right\}$$

Die Zeiten für einen Überlauf über das Werkstück betragen:
Für das Plandrehen:

$$(2a) \qquad \Delta t = \frac{d_a - d_i}{2 \cdot s \cdot n}$$

Für das Konischdrehen:

$$(2b) \qquad \Delta t = \frac{l}{s \cdot n}$$

Nach diesen einführenden Bemerkungen sind einige Zwischenbetrachtungen

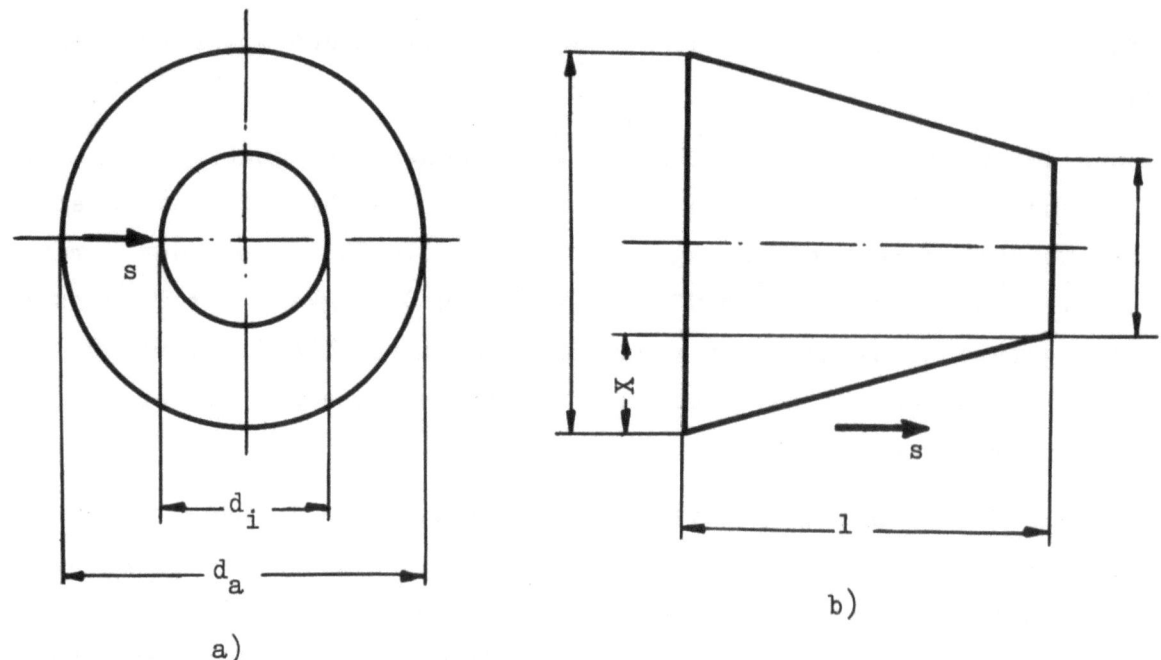

Abbildung 64
Plan- und Kegeldrehen

über die Verschleißkriterien und die Standzeitkurven notwendig. Man unterscheidet bei stetig verschleißenden Schneidenmetallen (Abb. 65):

        a) die Verschleißmarkenbreite VB
        b) die Kolktiefe
        c) den Spanflächenverschleiß.

Die Verschleißarten treten bei allen Paarungen von Werkstückmaterial und Schneidenmetall gleichzeitig auf, wobei eine der Arten a, b und c überwiegen kann. In diesen Fällen kann man das Verschleißkriterium nach einer der Arten festlegen. Für die vorliegende Betrachtung interessieren folgende Fälle:

Zu a)
Bei verschiedenen Schnittgeschwindigkeiten ergeben sich die Verschleißmarkenbreiten VB über der Zeit t aufgetragen als zu einander parallele Geraden. Bei vielen Werkstoffen bleiben diese Geraden auch bei verschiedenen Vorschüben parallel (Abb. 66).

Führt man nun ein "Zeitverhältnis"

(3) $$\xi = \frac{t}{T} \; ; \; 0 \leq \xi \leq 1$$

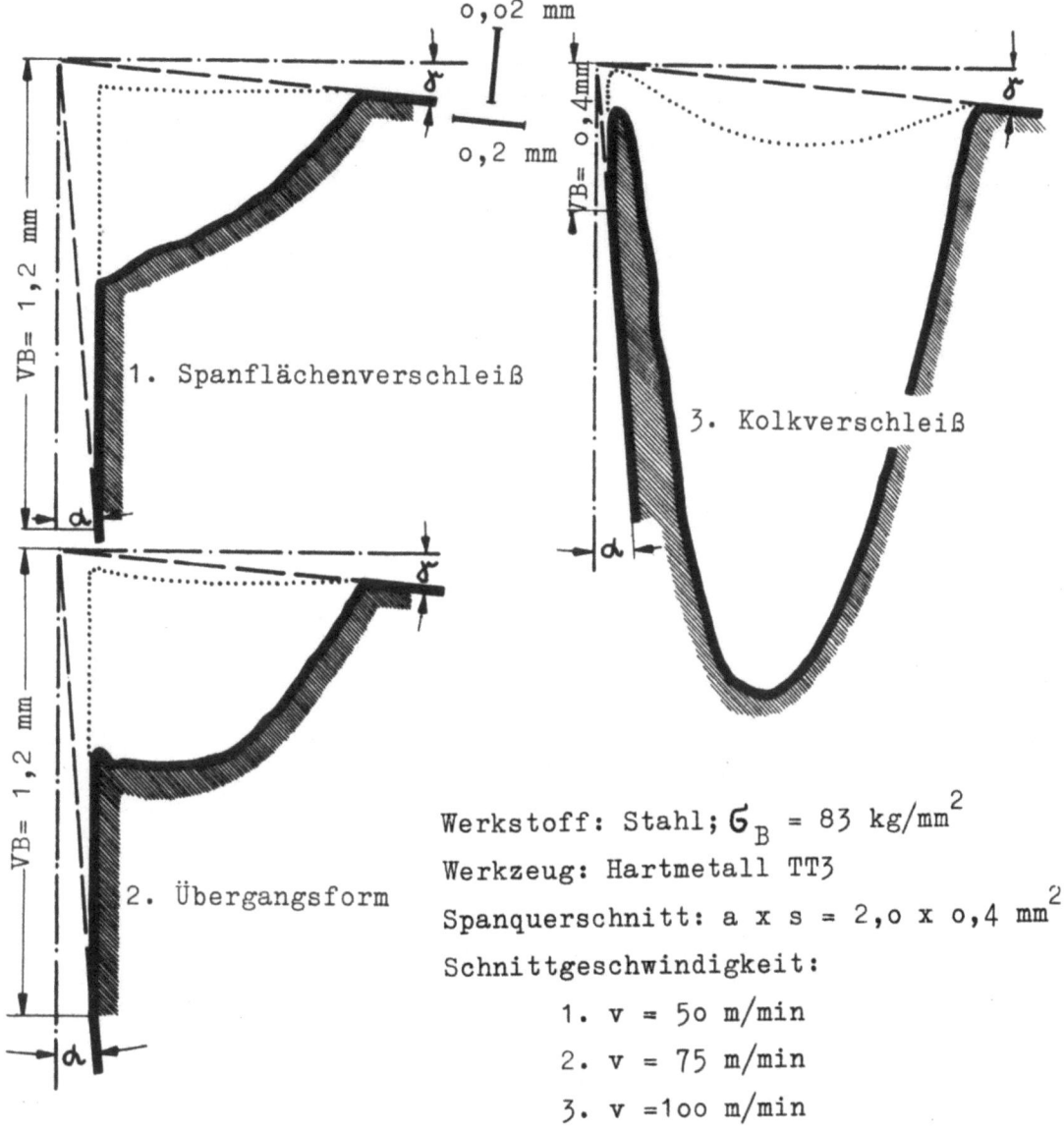

Abbildung 65
Verschleißformen am Drehstahl

ein, worin t die laufende Zeit, T die (durch ein Verschleißkriterium definierte) Standzeit bedeuten, so lassen sich alle Geraden aus Abbildung 66 zu einer einzigen (Abb. 67) zusammenfassen.

Diese Gerade stellt eine Kurve dar, die durch die Gleichung

$$(4) \qquad VB(\xi) = c_1 \xi^{c_2}$$

beschrieben werden kann.

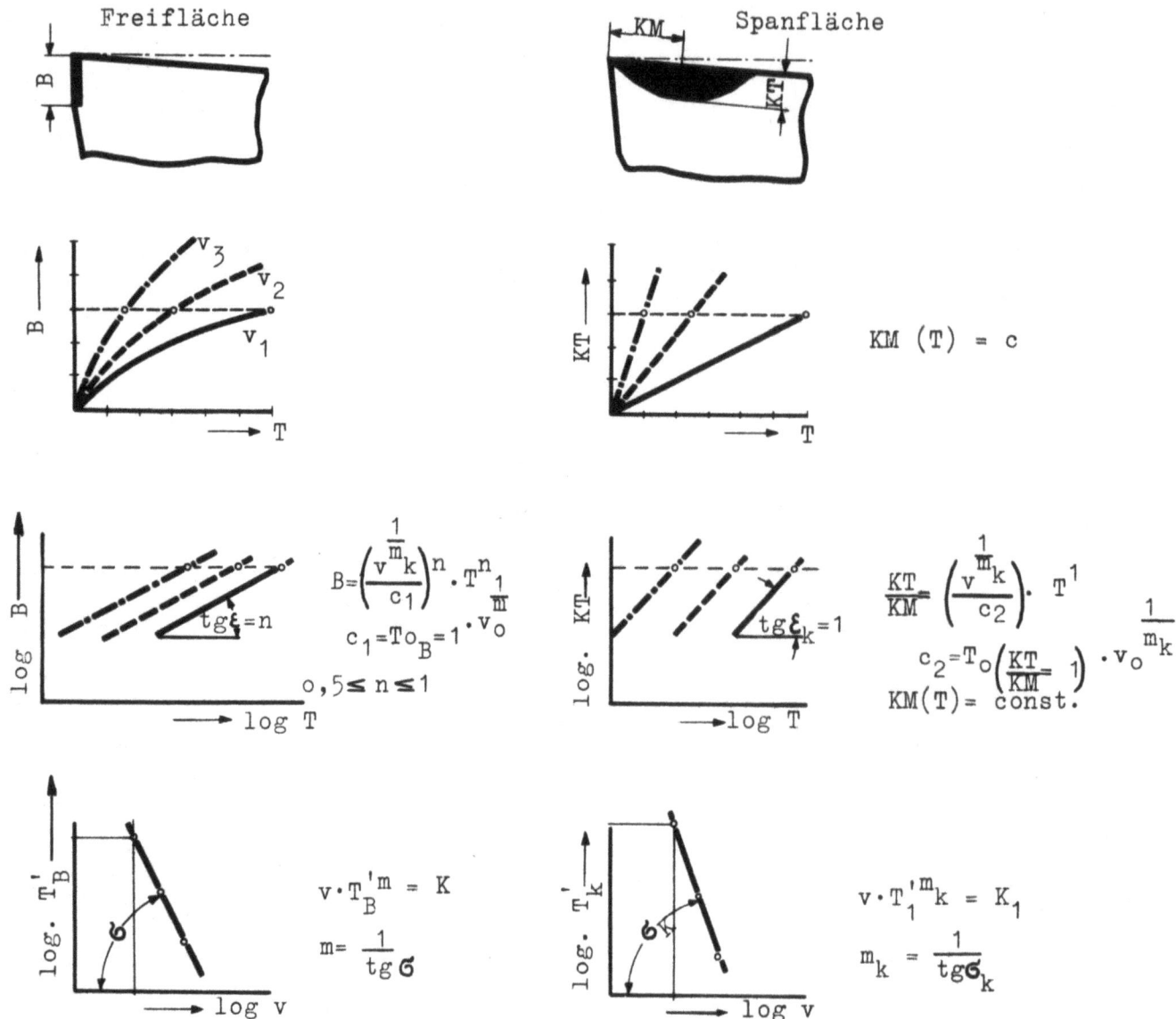

Abbildung 66
Empirische Gesetze für die Verschleißformen a) und b)

Zu b)

Die Kolktiefen ergeben im Netz mit linear geteilten Achsen bei den meisten Werkstoffen strahlenförmig vom Nullpunkt ausgehende Geraden, Abbildung 66, rechter Teil.

In diesem Fall läßt sich eine Darstellung, Abbildung 68, finden.

Dieser Darstellung liegt die Formel

(5) $\quad KT = \text{konst.} \cdot \xi$

zu Grunde.

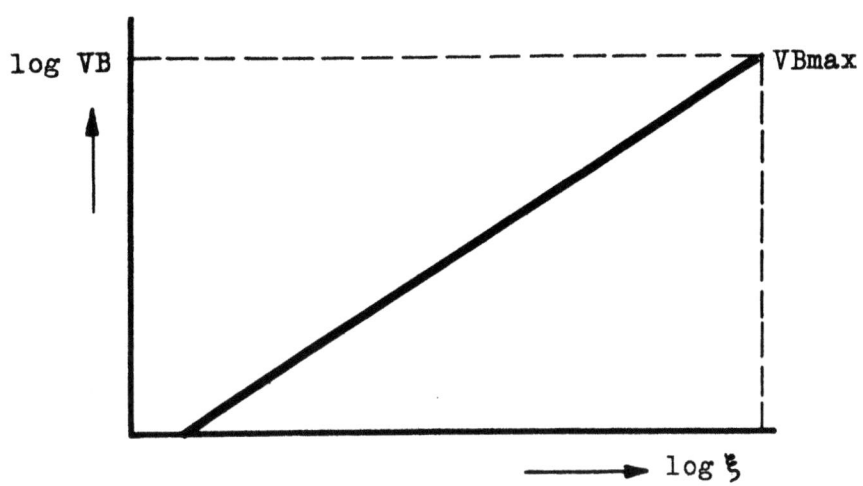

Abbildung 67
Verschleißmarkenbreite über dem Zeitverhältnis (3)

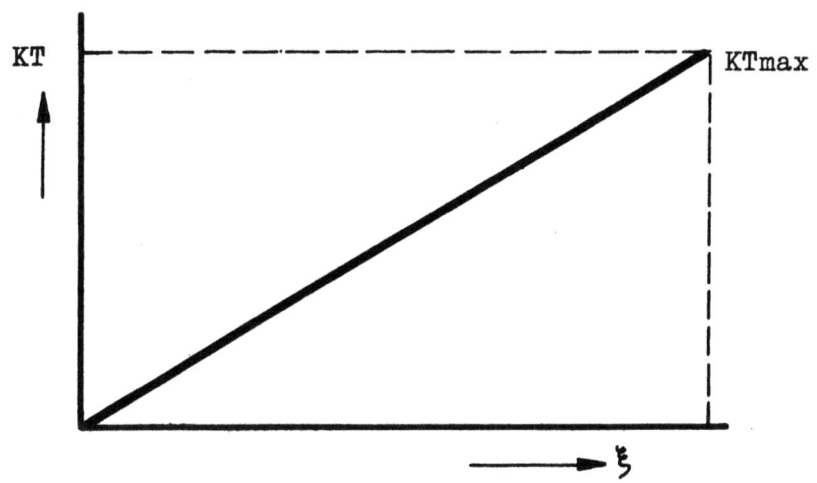

Abbildung 68
Kolktiefe über dem Zeitverhältnis

Zu c)

Bei den in unserer Industrie meistens verwendeten Stählen tritt diese Verschleißart (Abb. 65 links unten) nur bei verhältnismäßig geringen Schnittgeschwindigkeit auf, die zweifellos weit unterhalb der wirtschaftlichen Schnittgeschwindigkeit liegen. Diese Verschleißform wird daher nicht näher betrachtet. In der vorliegenden Untersuchung kommt es jedoch nur darauf an, die nomografische Behandlung der Gleichungen 2, 4 und 5 in Verbindung mit der Standzeitkurve zu zeigen. Bezeichnet man das Verschleißkriterium allgemein mit K und nimmt irgendeinen funktionalen Zusammenhang $K(\xi)$ an, so kann man $K(\xi)$ für aufeinanderfolgende Überläufe durch die Gleichung:

(6) $$K(\xi) = \int_{\xi=0}^{\xi=1} \frac{dK}{d\xi} d\xi + \int_{\xi_1}^{\xi_2} \frac{dK}{d\xi} d\xi + \cdots + \int_{\xi_{n-1}}^{\xi_n} \frac{dK}{d\xi} d\xi$$

(7) $$\xi_i - \xi_{i-1} = \frac{\Delta t}{T} \quad ; \quad 1 \leq i \leq n$$

ausdrücken, worin n die Gesamtzahl der Überläufe bedeutet; Δt ist durch die Gleichungen 2a und 2b definiert. Jedes Integral der Gleichung 6 steht für einen Überlauf des Werkzeuges. Somit steht das letzte Integral in Gleichung 6 für den letzten Überlauf, bei dem K max erreicht werden und die Standzeit damit beendet sein soll. Für den Langdrehvorgang (v = konst., d = konst., n = konst.) ist ξ = t · konst. und $\frac{dK}{d\xi}$ = konst. · $\frac{dK}{dt}$, d.h. $\frac{dK}{d\xi}$ entspricht einer Verschleißgeschwindigkeit. Für das Plan- und Konischdrehen ist es wensentlich, daß sich ξ laut Definition 3 auch mit der Standzeit T ändert. T ist nun eine durch die Standzeitkurve gegebene Funktion der Schnittgeschwindigkeit v. Hierdurch wird der Einfluß der veränderlichen Schnittgeschwindigkeit bei den unten beschriebenen Verfahren berücksichtigt.

Die grafische Lösung der Gleichung 6 für ein Verschleißkriterium, das der Gleichung 4 folgt, wird nun wie folgt vorgenommen:

Bildung von

$$\frac{dVB}{d\xi} :$$

In Abbildung 69 ist nach rechts steigend eine Kurve VB (ξ) aufgetragen. Die Konstanten c_1 und c_2 der Gleichung 4 können sehr einfach ermittelt werden. Für ξ = 1 muß ξ^{c_2} = 1 sein, also muß c_1 = VB max werden. Für die Ermittlung von c_2 wird nun ein weiteres Wertepaar aus Abbildung 69 abgelesen, z.B.

$$\xi = 10^{-1} \; ; \; VB = 4 \cdot 10^{-2} \text{ mm}$$

Die logarithmierte Gleichung 4 lautet nun:

$$\log VB = \log c_1 + c_2 \log \xi$$

woraus sich c_2 zu:

(8) $$c_2 = \frac{\log VB - \log c_1}{\log \xi}$$

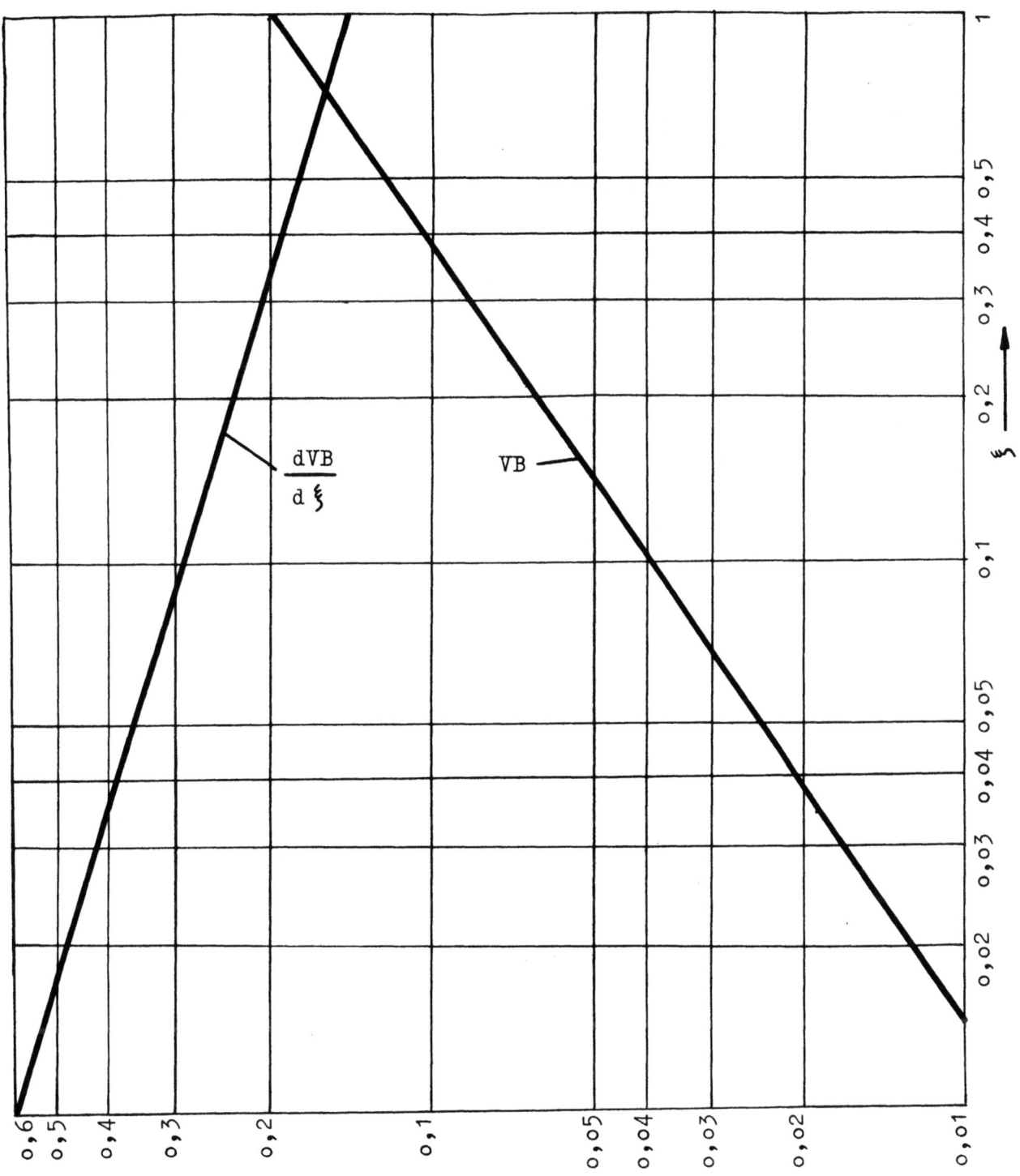

Abbildung 69

ergibt. log ξ ist im obigen Beispiel gleich - 1, log. VB = 0,6021 - 2, log. c_2 = 0,3010 - 1. Setzt man diese Werte in die Gleichung 8 ein, so erhält man

$$c_2 \approx 0,7$$

die differentierte Gleichung 4 lautet nun:

$$(9) \qquad \frac{d\,VB}{d\xi} = c_1 c_2 \xi^{c_2-1}$$

Im vorliegenden Beispiel hat man somit:

$$\frac{d\,VB}{d\xi} = 0{,}2 \cdot 0{,}7 \cdot \xi^{-0,3} = 0{,}14\, \xi^{-0,3}$$

Diese Kurve verläuft im doppelt logarithmisch geteilten Netz wiederum als Gerade, so daß für dieses Achsensystem die Errechnung zweier Punkte genügt, um die Kurve zu zeichnen. Für $\xi = 1$ ist $\frac{d\,VB}{d\xi} = 0{,}14$. Für $\xi = 0{,}1$ ist:

$$\log \frac{d\,VB}{d\xi} = \log 0{,}14 - 0{,}3 \cdot \log 10^{-1}$$

woraus sich: $\qquad \left(\frac{d\,VB}{d\xi}\right)_{\xi=0,1} = 0{,}279 \qquad$ ergibt.

Aus der Abbildung 69 und der Standzeitkurve läßt sich nun Abbildung 70 in folgender Weise zeichnen:

In Abbildung 70 rechts ist die zu Abbildung 69 gehörende Standzeitkurve im doppelt-logarithmischen Netz gezeichnet. Sie ergibt in Abbildung 70 eine Gerade, was aber nicht notwendig der Fall zu sein braucht.

Die Standzeitachse des rechten Netzes dient gleichzeitig als Leiter einer Leitertafel in der Mitte von Abbildung 70, die zweite Leiter ist die für t und die dritte Leiter für ξ gehört gleichzeitig dem in Abbildung 70 links sichtbaren Netz an; in diesem Netz sind die Kurven für $\frac{d\,VB}{d\xi}(\xi)$ und $VB(\xi)$ eingetragen. Da es sich nur um zwei Kurven handelt, bedeutet die Darstellung dieser Kurven im einfach logarithmisch geteilten Netz keine besonderen Schwierigkeiten. Diese Darstellung wurde gewählt, weil man die Integration

$$\int_{i-1}^{i} \frac{d\,VB}{d\xi}\, d\xi$$

grafisch eigentlich nur in linear geteilten Netzen vornehmen kann. Da nun beabsichtigt ist, die Trapezregel bei der Integration anzuwenden, ist es

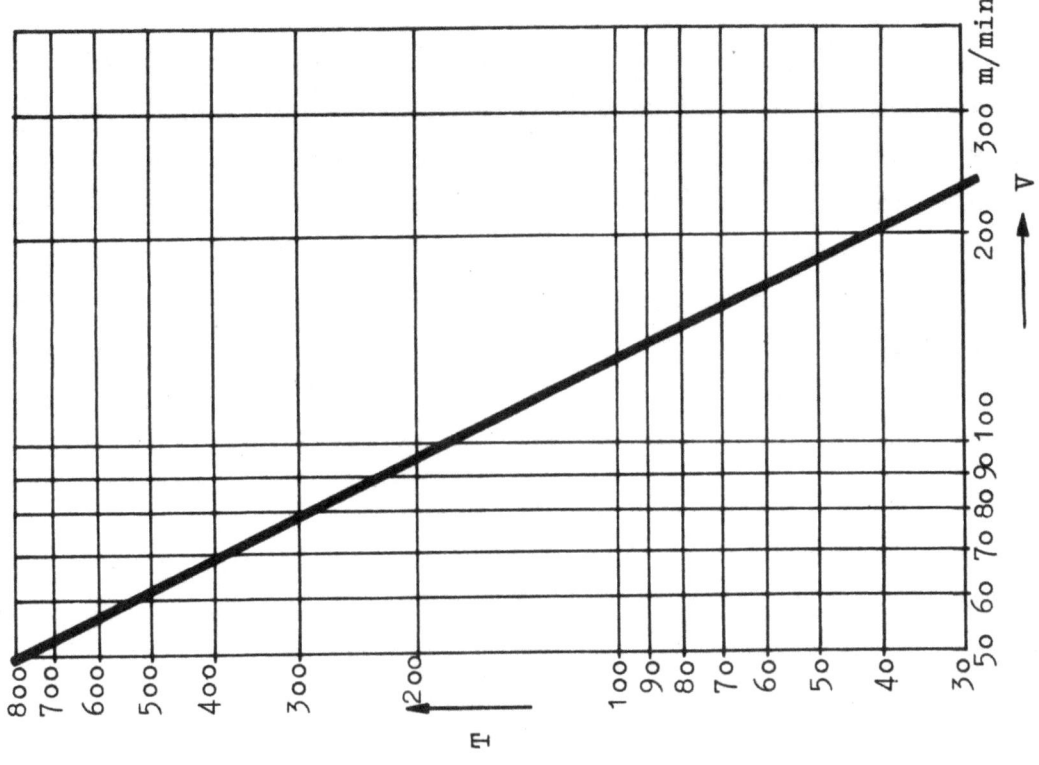
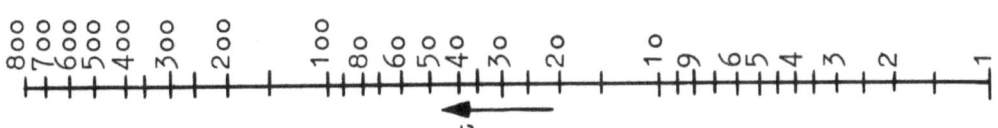
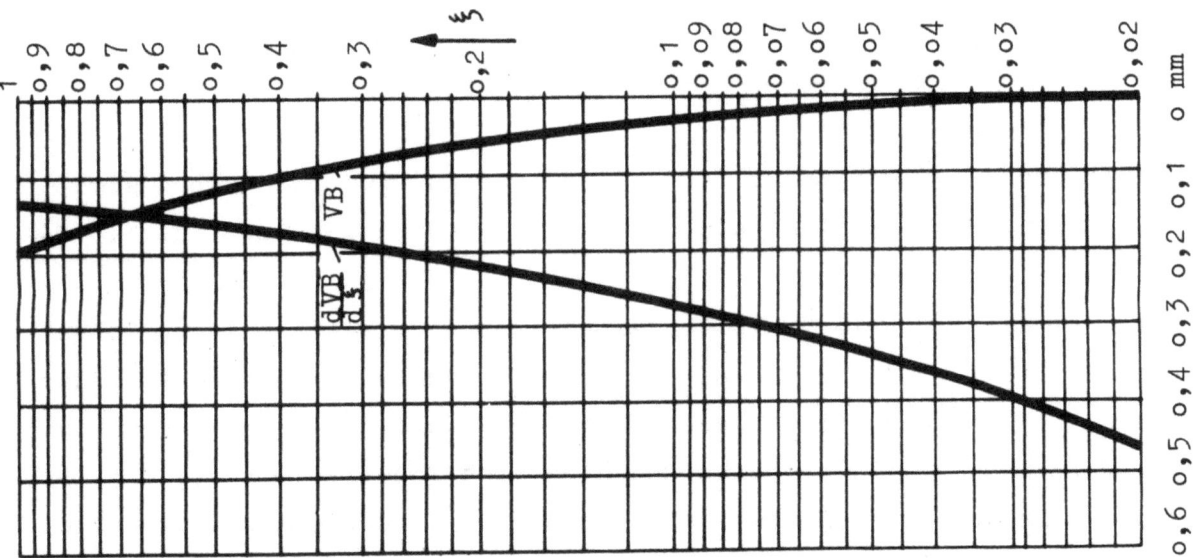

Abbildung 70

Forschungsberichte des Wirtschafts- und Verkehrsministeriums Nordrhein Westfalen

wertvoll, die Kurvenkrümmung in etwa zu kennen, um gegebenenfalls die Integrationsintervalle feiner unterteilen zu können. Wie bereits angedeutet, müßte genau genommen die Darstellung in zweifach linear geteiltem Netz erfolgen, es wäre dann die Entlogarithmierung der ξ-Leiter durch Leitstrahlen erforderlich. Hierdurch werden Nomogramme unübersichtlich und schwer lesbar. Es ist nun leicht einzusehen, daß die stärkste Kurvenkrümmung in beiden Systemen sich etwa an derselben Stelle befinden muß, oder mit anderen Worten, man kann in beiden Sytemen gleich gut beurteilen, ob man die Fläche unter einem Kurvenstück als (geradlinig begrenztes) Trapez ansehen kann, oder ob man das Integrationsintervall noch unterteilen muß.

Die Anwendung des Diagrammes auf einen Bearbeitungsfall sei nun an einem Beispiel dargestellt; es handelt sich um einen Plandrehvorgang:

Der Außendurchmesser sei d_a = 1200 mm
der Innendurchmesser d_i = 800 mm
die Schnittgeschwindigkeit für d_a sei v_a = 135 m/min
der Vorschub s = 0,35 mm/U.

Zunächst wird die Spindeldrehzahl errechnet:

$$n = \frac{1000 \cdot v}{d \cdot \pi} = \frac{1000 \cdot 135}{1200 \cdot \pi} = 36 \text{ U/min}$$

Die einstellbare Drehzahl an der Drehbank sei 37,5 U/min. Hieraus ergibt sich die wirkliche Schnittgeschwindigkeit am Außendurchmesser

$$V_a = \frac{d_a \cdot \pi \cdot n}{1000} = \frac{1200 \cdot \pi \cdot 37,5}{1000} = 141 \text{ m/min}$$

Für diesen und die Durchmesser 1100, 1000, 900 und 800 mm ergeben sich die Schnittgeschwindigkeiten und Überlaufzeiten nach Tabelle 1 (s. S. 143).

Zunächst ist die anfängliche Verschleißmarkenbreite aus Abbildung 70 zu ermitteln. Für v = 141 m/min kann man aus dem rechten Netz von Abbildung 70 die Standzeit zu T = 85 min ablesen. Der erste Teil des Plandrehens bis auf den Durchmesser 1100 mm vollzieht sich nach Tabelle 1 in 3,8 min. Dieser Punkt wird auf der t-Leiter aufgesucht. Die Gerade durch die Punkte mit den erwähnten T- und t-Werten liefert ξ = 0,0435. Hierfür liest man

Forschungsberichte des Wirtschafts- und Verkehrsministeriums Nordrhein Westfalen

Tabelle 1

d	v	t			
1200 mm	141 m/min				
1100 mm	123 m/min	}3,8			
1000 mm	105 m/min		}7,6	}11,4	
900 mm	86 m/min				}15,2 min
800 mm	68 m/min				

auf der VB-Kurve 0,02 mm ab. Diesem Vorgang liegt nun die Annahme zu Grunde, daß sich das Drehen von $d = 1200$ mm auf $d_1 = 1100$ mm bei konstanter Schnittgeschwindigkeit vollzieht. Diese Annahme ist notwendig, weil im logarithmisch geteilten System der Nullpunkt nur asymptotisch zu erreichen ist. Von nun ab wird ausschließlich mit der $\frac{d\,VB}{d\xi}$ Kurve gearbeitet und integriert.

Beim Durchmesser 1100 mm ist die Schnittgeschwindigkeit $v = 123$ m/min (Tabelle 1). Hierfür ist die Standzeit $T = 115$ min und $\xi = 0,033$. Hierfür ist ferner $\frac{d\,VB}{d\xi} = 0,39$.

Nach 7,6 min wird der Durchmesser 1000 mm und die Schnittgeschwindigkeit 105 m/min erreicht; der letzteren ist eine Standzeit $T = 157$ min zugeordnet, so daß sich ξ zu 0,0483 ergibt. Hierzu gehört im linken Netz der Wert $\frac{d\,VB}{d\xi} = 0,36$. Es wird nun ein Trapez unter diesem Kurvenstück betrachtet, dessen Flächeninhalt gleich ΔVB_1 ist:

$$\Delta VB_1 \approx \left\{ \frac{\left(\frac{d\,VB}{d\xi}\right)_1 + \left(\frac{d\,VB}{d\xi}\right)_2}{2} \right\} (\xi_2 - \xi_1) = 0,0056 \text{ mm}$$

Die Verschleißmarkenbreite beim Plandrehen vom Durchmesser 1200 mm auf den Durchmesser 1000 mm ist:

$$\Sigma_i \, \Delta VB_i = \Delta VB_0 + \Delta VB_1 = 0,02 + 0,0056 = 0,0256 \text{ mm}.$$

Die Ablesungen nach Abbildung 70 für den weiteren Durchmesserbereich sind in Tabelle 2 zusammengestellt.

Forschungsberichte des Wirtschafts- und Verkehrsministeriums Nordrhein Westfalen

Tabelle 2

d	v	T	t	ξ	$\frac{d\,VB}{d\,\xi}$	ΔVB
1000	105	157	7,6	0,048	0,36	
900	86	215	11,4	0,053	0,345	0,0015
800	68	410	15,2	0,037	0,385	0,0006

Somit ergibt sich die gesamte Verschleißmarkenbreite nach dem ersten Überlauf:

$$0,0256 + 0,0018 + 0,0006 = 0,028 \text{ mm}$$

Beim nächsten Überlauf kann man bereits mit gröberen Intervallen rechnen.

Tabelle 3

d	v	T	t	ξ	$\frac{d\,VB}{d\,\xi}$	ΔVB_i
1200	141	85	15,2	0,179	0,240	
1000	105	157	22,8	0,145	0,255	0,0085
800	68	410	30,4	0,074	0.315	0,0020

Beachtenswert ist die Unstetigkeit des ξ-Wertes, der durch die plötzliche Schnittgeschwindigkeitsänderung beim erneuten Überlauf von 0,037 (Tabelle 2) auf 0,179 (Tabelle 3) springt. Die Verschleißmarkenbreite nach dem zweiten Überlauf ist etwa:

$$\sum_i \Delta VB_i = 0,0385 \text{ mm}.$$

Die Rechnung wird nun successive fortgeführt, bis der Wert VB = 0,2 erreicht wird. Würde man die Verschleißmarkenbreite unter der Annahme errechnet haben, daß die Schnittgeschwindigkeit mit 141 m/min konstant geblieben sei, so hätte man erhalten:

$$\xi = \frac{t}{T} = \frac{30,4}{85} \approx 0,36$$

Hierfür kann man aus Abbildung 69 ablesen:

$$VB = 0,1 \text{ mm}$$

Man erkennt hieraus bereits die Standzeitverbesserung, die durch den

Schnittgeschwindigkeitsabfall hervorgerufen wird. Dies besagt jedoch nichts über die Wirtschaftlichkeit der stufenlosen Drehzahlregelung, die selbstverständlich nach dem Kostenminimum für das gefertigte Teil ermittelt werden muß.

Bei einer Regelung für konstante Schnittgeschwindigkeit werden die Fertigungszeiten kleiner, wodurch jedes gefertigte Stück mit geringeren Maschinenkosten belastet wird.

Legt man nun das Verschleißkriterium nach Abbildung 66, rechter Teil, zu Grunde, so hat man als differentierte Gleichung 5

$$(10) \qquad \frac{dKT}{d\xi} = \frac{d}{d\xi} \text{ konst.} \cdot \xi = \text{konst.}$$

Hierbei ergibt sich die Konstante aus dem Verschleißkriterium in Abbildung 71 zu 50μ. Es ist demnach $\Delta KT = \text{const.} \cdot \xi$, d.h. die zu integrierende Fläche ist ein Rechteck.

Auch hier sei ein Zahlenbeispiel gegeben. Es kann hier von Null bis zum ersten ξ-Wert integriert werden, da die Kurve $\frac{dKt}{d\xi}$ parallel zur ξ-Achse verläuft.

Es sei gegeben:

$$d_a = 300 \text{ m/min}$$
$$d_i = 180 \text{ m/min}$$
$$v_a = 130 \text{ m/min}$$
$$s = 0,2 \text{ mm/U.}$$

Es errechnet sich n zu:

$$n = \frac{1000 \cdot v_a}{d \cdot \pi} = \frac{1000 \cdot 130}{300 \cdot \pi} = 138 \text{ U/min}$$

Die Normdrehzahl sei 118 U/min, so daß sich nun v_a zu

$$\frac{300 \cdot \pi \cdot 118}{1000} = 112 \text{ m/min}$$

ergibt. Es ist ferner nach Gleichung 2a

$$\Delta t = \frac{300 - 180}{2 \cdot 0,2 \cdot 118} = 2,54 \text{ min.}$$

Für $v = 112$ m/min ist $T = 30$ min, $\xi = 0$, da $t = 0$.

Forschungsberichte des Wirtschafts- und Verkehrsministeriums Nordrhein Westfalen

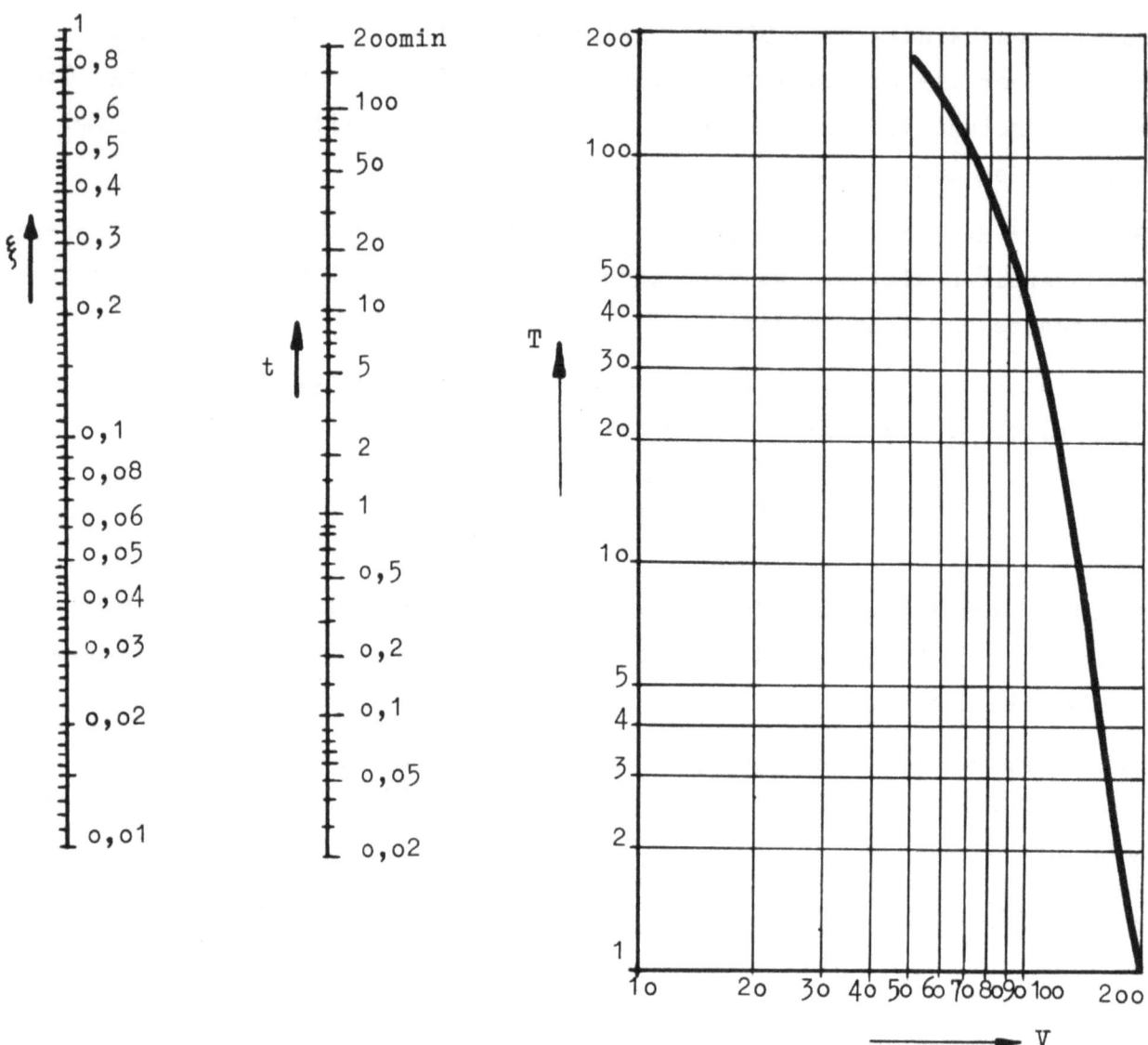

Abbildung 71

Am inneren Drehdurchmesser beträgt die Schnittgeschwindigkeit:

$$v_i = \frac{d_i \cdot \pi \cdot n}{1000} = \frac{180 \cdot \pi \cdot 118}{1000} = 67 \text{ m/min}$$

Hierfür ist T = 120 m/min, t = 2,54 min und ξ = 0,038.
Damit ist für den ersten Überlauf:

$$\Delta KT_1 = 0,038 \cdot 50 = 1,9 \ \mu$$

Der zweite Überlauf beginnt mit T = 30 min, t = 2,54 min und ξ = 0,008;
er endet mit T = 120 min, t = 5,08 min und ξ = 0,042.

Damit ist

$$\Delta KT_2 = (0{,}042 - 0{,}008) \cdot 50 = 1{,}7\ \mu$$

und die gesamte Kolktiefe:

$$\sum_i \Delta KT_i = 3{,}6\ \mu$$

Nach diesem Schema kann nun weiter gerechnet werden, bis das der Standzeitkurve entsprechende Kriterium erreicht ist.

Es sind somit

$$50 : 1{,}8 = 26{,}3$$

Überläufe möglich. Die Standzeit beträgt somit:

$$26{,}3 \cdot 2{,}54 = 67\ min.$$

Der dieser Standzeit zugeordnete Mittelwert der Schnittgeschwindigkeit beträgt:

$$v = 83\ m/min.$$

Hierzu gehört bei einer Drehzahl von 118 U/min ein mittlerer Durchmesser von 223 mm, der unter dem arithmetischen Mittel liegt (240 mm), was zu erwarten ist.

<u>Zusammenfassung</u> über die Wirtschaftlichkeit der stufenlosen Drehzahlregelung:

Es wurden die Faktoren für die kostengünstigste Gestaltung der Zerspanungsverfahren zunächst generell diskutiert und die Stellung der stufenlosen Drehzahlregelung innerhalb der Maßnahmen zur Steigerung der Produktivität beleuchtet. Dann wurde ein Verfahren beschrieben, welches erlauben soll, die Standzeit der Werkzeuge beim Plan- und Kugeldrehen mit konstanter Drehzahl abzuschätzen. Die Prüfung dieses Verfahrens hinsichtlich der Grenzen seiner Gültigkeit hat noch durch Versuche zu erfolgen. Liegen dann die Ergebnisse vor, so ist es möglich, den Verfahrensvergleich zwischen dem Plandrehen bei konstanter Schnittgeschwindigkeit und den bei konstanter Drehzahl für die Praxis hinreichend exakt nach dem Gesichtspunkt der Kostenzusammensetzung durchzuführen.

Forschungsberichte des Wirtschafts- und Verkehrsministeriums Nordrhein Westfalen

4. Zusammenfassung und Schlußbetrachtung zur Wirtschaftlichkeit von Steuerungen und Regelungen

Es wurden an drei Beispielen die Verfahren der Kostenermittlung zur Beurteilung der Wirtschaftlichkeit einer Steuerung oder einer Regelung gezeigt. Es ergibt sich aus der Tatsache, daß Zusammenhänge zwischen den einzelnen in den Beispielen auftretenden Größen nicht ohne weiteres ersichtlich sind, eine neue Aufgabenstellung:

Es ist ein Kostenermittlungsverfahren auszuarbeiten, bei dem einerseits möglichst alle bzw. möglichst viele der Veränderlichen Berücksichtigung finden, andererseits muß sich das Verfahren dadurch auszeichnen, daß trotzdem die Wirtschaftlichkeit einer mit Steuerungen und Regelungen ausgerüsteten Maschine ohne großen Zeit- und Rechenaufwand zu ermitteln ist. Es sind z.Zt. entsprechende Arbeiten im Gange, die sich mit der nomografischen Ermittlung der Kosten befassen. Nach eingehenden Überlegungen wurde als für die Wirtschaftlichkeit maßgebende Kenngröße die Amortisationsdauer für eine mit Steuerung und/oder Regelung ausgerüstete Werkzeugmaschine festgelegt. Die Ermittlung der Amortisationsdauer unter Berücksichtigung möglichst vieler Kostenarten bedeutet eine Verallgemeinerung des Kalkulationsverfahrens. Zur Frage des geringen Rechenaufwandes ist grundsätzlich folgendes zu bemerken: Es kommt zunächst darauf an, möglichst viele Einflußgrößen in einem Nomogramm zu vereinigen. Dabei kann wahrscheinlich nicht umgangen werden, daß eine Einflußgröße öfter auftaucht. So kann z.B. die Einrichtezeit im Zusammenhang mit den Maschinennutzungsstunden in der Rechnung auftreten. Hier erweist sich der Wert von Nomogrammen insbesondere hinsichtlich der Ausschaltung von Fehlermöglichkeiten. Die Herabsetzung der Rechenarbeit auf ein Mindestmaß bedeutet ferner, daß man die Rechnung möglichst auf solchen Größen aufbaut, die in den Betrieben am einfachsten zu ermitteln sind. Beim gegenwärtigen Stand der Arbeiten über die Wirtschaftlichkeit der Steuerungen und Regelungen - über die zu gegebener Zeit noch ausführlicher berichtet werden wird - sind sichere Anzeichen dafür vorhanden, daß es gelingen wird, den oben angeführten Forderungen nahe zu kommen.

Die verhältnismäßig große Rechengeschwindigkeit, die ein solchermaßen aufgebautes Nomogramm erlaubt, gestattet außerdem, bei erträglichem Zeitaufwand die Aufstellung von Schaubildern für die Wirtschaftlichkeit spezieller Steuer- und Regeleinrichtungen, wie z.B. der Drehzahlkonstanthaltung.

Forschungsberichte des Wirtschafts- und Verkehrsministeriums Nordrhein Westfalen

Es steht zu erwarten, daß mit den oben angeführten und den zur Zeit im Stadium der Durchbildung befindlichen Verfahren Beiträge zur Frage der Wirtschaftlichkeit geleistet werden, die das Interesse eines größeren Kreises von Fertigungsfachleuten finden, und damit nicht zuletzt sowohl dem Gedanken der Rationalisierung als auch der Anwendung und Durchbildung der Steuerungen und Regelungen dienen.

                              Prof. Dr.-Ing. V. A S C H O F F, Aachen
                              Prof. Dr.-Ing. H. O P I T Z, Aachen
                              Dipl.-Ing. K.H. R O T T K E, Aachen
                              Dipl.-Ing. W. S C H O L Z, Aachen
                              Dipl.-Ing. H. S T U T E, Aachen

Forschungsberichte des Wirtschafts- und Verkehrsministeriums Nordrhein-Westfalen

XII. Literaturverzeichnis

(1) H. OPITZ — Spanende Fertigung. Notwendige Schritte deutscher Technik, Heft 4

(2) O.H. BLAUM — Übersicht über die neuen elektrotechnischen Entwicklungen für Antriebe an Werkzeugmaschinen, "ALW" S. 46.

(3) W. MEYER — Steuerungen. Die Elektro-Post, Nr. 17, vom 16.8.1953

(4) O. MOHR — Röhrengeregelte Industrieantriebe. AEG, J/5705 April 1951

(5) H. KINKEL — Die Verstärkermaschine "Amplidyne" AEG-Mitteilungen 1952, Heft 3/4

(6) R. KRETZMANN — Industrielle Elektronik. Verlag für Radio-, Foto-, Kinotechnik, Berlin-Borsigwalde 1952

(7) F.W. SIMONIS — Antriebe, Steuerungen und Getriebe bei neueren Drehbänken. Konstruktion 4. (1952) Heft 9

(8) W. FRICKE — Verlustleistungsmessungen an Drehbänken. ALW S. 69

(9) R. ULKE — Bestimmung des Schwungmomentes von Maschinen. Werkstatt und Betrieb, 1951, Heft 12

(10) W. NÜRNBERG — Die Prüfung elektrischer Maschinen

(11) C. SCHUMACHER — Genauigkeitsprüfung von Werkzeugmaschinen durch Energiemessung. Maschinenbau, Band 10, Heft 12 und 13

(12) G. HOMMEL — ATM, V 340 - 1

(13) F. BUCHHOLZ — Das Begriffssystem der Richtleistung, Wirkleistung, totale Blindleistung. Selbstverlag München 1950

(14) R. TRÖGER — ETZ A (1953) Heft 18, S. 533

(15) ANSCHÜTZ — Stromrichter, Springer-Verlag Berlin

(16) AEG — AEG-Mitteilungen (1953)

(17) UHRMEISTER — Diplomarbeit, T.H. Aachen, Institut für Werkzeugmaschinen und Betriebslehre

(18) J. WITTHOFF — Die Hartmetallwerkzeuge in der spanabhebenden Formung. Carl Hanser Verlag, München

(19) H. ERNST u. M. FIELD — Speed and Feed Selection in Carbide Milling with Respect to Production, Cost and Accuracy. Trans. ASME, April 1946, S. 207 ff

(20) J. WITTHOFF — Ermittlung und betriebswirtschaftliche Bedeutung der Werkzeugkosten. Werkstattstechnik und Maschinenbau, 39 Jg. (1949) S. 148 ff., 179 ff

(21) G. WEBER — Einfluß von Werkstoff und Zerspanungsbedingungen auf Span- und Freiflächenverschleiß. ALW, S. 14 ff

(22) BLAUM, MAECKER, JOVY u. ZINDEL — ALW, S. 46 ff

(23) — ALW, S. 77 ff

(24) O. KIENZLE — Die Bestimmung von Kräften und Leistungen an spanenden Werkzeugen und Werkzeugmaschinen. Z. VDI, Bd. 94 (1952) S. 299 ff

Abkürzung — "ALW" bedeutet: "Aufwand, Leistung und Wirtschaftlichkeit neuzeitlicher Werkzeugmaschinen", Essen 1953, Verlag W. Girardet

FORSCHUNGSBERICHTE
DES WIRTSCHAFTS- UND VERKEHRSMINISTERIUMS
NORDRHEIN-WESTFALEN

Herausgegeben von Staatssekretär Prof. Leo Brandt

Heft 1:
Prof. Dr.-Ing. Eugen Flegler, Aachen
Untersuchungen oxydischer Ferromagnet-Werkstoffe

Heft 2:
Prof. Dr. phil. Walter Fuchs, Aachen
Untersuchungen über absatzfreie Teeröle

Heft 3:
Techn.-Wissenschaftl. Büro für die Bastfaserindustrie, Bielefeld
Untersuchungsarbeiten zur Verbesserung des Leinenwebstuhls

Heft 4:
Prof. Dr. E. A. Müller u. Dipl.-Ing. H. Spitzer, Dortmund
Untersuchungen über die Hitzebelastung in Hüttenbetrieben

Heft 5:
Dipl.-Ing. Werner Fister, Aachen
Prüfstand der Turbinenuntersuchungen

Heft 6:
Prof. Dr. phil. Walter Fuchs, Aachen
Untersuchungen über die Zusammensetzung und Verwendbarkeit von Schwelteerfraktionen

Heft 7:
Prof. Dr. phil. Walter Fuchs, Aachen
Untersuchungen über emsländisches Petrolatum

Heft 8:
Maria Elisabeth Meffert und Heinz Stratmann, Essen
Algen-Großkulturen im Sommer 1951

Heft 9:
Techn.-Wissenschaftl. Büro für die Bastfaserindustrie, Bielefeld
Untersuchungen über die zweckmäßige Wicklungsart von Leinengarnkreuzspulen unter Berücksichtigung der Anwendung hoher Geschwindigkeiten des Garnes
Vorversuche für Zetteln und Schären von Leinengarnen auf Hochleistungsmaschinen

Heft 10:
Prof. Dr. Wilhelm Vogel, Köln
„Das Streifenpaar" als neues System zur mechanischen Vergrößerung kleiner Verschiebungen und seine technischen Anwendungsmöglichkeiten

Heft 11:
Laboratorium für Werkzeugmaschinen und Betriebslehre, Technische Hochschule Aachen
1. Untersuchungen über Metallbearbeitung im Fräsvorgang mit Hartmetallwerkzeugen und negativem Spanwinkel
2. Weiterentwicklung des Schleifverfahrens für die Herstellung von Präzisionswerkstücken unter Vermeidung hoher Temperaturen
3. Untersuchung von Oberflächenveredlungsverfahren zur Steigerung der Belastbarkeit hochbeanspruchter Bauteile

Heft 12:
Elektrowärme-Institut, Langenberg (Rhld.)
Induktive Erwärmung mit Netzfrequenz

Heft 13:
Techn.-Wissenschaftl. Büro für die Bastfaserindustrie, Bielefeld
Das Naßspinnen von Bastfasergarnen mit chemischen Zusätzen zum Spinnbad

Heft 14:
Forschungsstelle für Acetylen, Dortmund
Untersuchungen über Aceton als Lösungsmittel für Acetylen

Heft 15:
Wäschereiforschung Krefeld
Trocknen von Wäschestoffen

Heft 16:
Max-Planck-Institut für Kohlenforschung, Mülheim a. d. Ruhr
Arbeiten des MPI für Kohlenforschung

Heft 17:
Ingenieurbüro Herbert Stein, M. Gladbach
Untersuchung der Verzugsvorgänge in den Streckwerken verschiedener Spinnereimaschinen. 1. Bericht: Vergleichende Prüfung mit verschiedenen Dickenmeßgeräten

Heft 18:
Wäschereiforschung Krefeld
Grundlagen zur Erfassung der chemischen Schädigung beim Waschen

Heft 19:
Techn.-Wissenschaftl. Büro für die Bastfaserindustrie, Bielefeld
Die Auswirkung des Schlichtens von Leinengarnketten auf den Verarbeitungswirkungsgrad, sowie die Festigkeits- und Dehnungsverhältnisse der Garne und Gewebe

Heft 20:
Techn.-Wissenschaftl. Büro für die Bastfaserindustrie, Bielefeld
Trocknung von Leinengarnen I
Vorgang und Einwirkung auf die Garnqualität

Heft 21:
Techn.-Wissenschaftl. Büro für die Bastfaserindustrie, Bielefeld
Trocknung von Leinengarnen II
Spulenanordnung und Luftführung beim Trocknen von Kreuzspulen

Heft 22:
Techn.-Wissenschaftl. Büro für die Bastfaserindustrie, Bielefeld
Die Reparaturanfälligkeit von Webstühlen

Heft 23:
Institut für Starkstromtechnik, Aachen
Rechnerische und experimentelle Untersuchungen zur Kenntnis der Metadyne als Umformer von konstanter Spannung auf konstanten Strom

Heft 24:
Institut für Starkstromtechnik, Aachen
Vergleich verschiedener Generator-Metadyne-Schaltungen in bezug auf statisches Verhalten

Heft 25:
Gesellschaft für Kohlentechnik mbH., Dortmund-Eving
Struktur der Steinkohlen und Steinkohlen-Kokse

Heft 26:
Techn.-Wissenschaftl. Büro für die Bastfaserindustrie, Bielefeld
Vergleichende Untersuchungen zweier neuzeitlicher Ungleichmäßigkeitsprüfer für Bänder und Garne hinsichtlich ihrer Eignung für die Bastfaserspinnerei

Heft 27:
Prof. Dr. E. Schratz, Münster
Untersuchungen zur Rentabilität des Arzneipflanzenanbaues
Römische Kamille, Anthemis nobilis L.

Heft: 28:
Prof. Dr. E. Schratz, Münster
Calendula officinalis L.
Studien zur Ernährung, Blütenfüllung und Rentabilität der Drogengewinnung

Heft 29:
Techn.-Wissenschaftl. Büro für die Bastfaserindustrie, Bielefeld
Die Ausnützung der Leinengarne in Geweben

Heft 30:
Gesellschaft für Kohlentechnik mbH., Dortmund-Eving
Kombinierte Entaschung und Verschwelung von Steinkohle; Aufarbeitung von Steinkohlenschlämmen zu verkokbarer oder verschwelbarer Kohle

Heft 31:
Dipl.-Ing. Störmann, Essen
Messung des Leistungsbedarfs von Doppelsteg-Kettenförderern

Heft 32:
Techn.-Wissenschaftl. Büro für die Bastfaserindustrie, Bielefeld
Der Einfluß der Natriumchloridbleiche auf Qualität und Verwebbarkeit von Leinengarnen und die Eigenschaften der Leinengewebe unter besonderer Berücksichtigung des Einsatzes von Schützen- und Spulenwechselautomaten in der Leinenweberei

Heft 33:
Kohlenstoffbiologische Forschungsstation e. V.
Eine Methode zur Bestimmung von Schwefeldioxyd und Schwefelwasserstoff in Rauchgasen und in der Atmosphäre

Heft 34:
Textilforschungsanstalt Krefeld
Quellungs- und Entquellungsvorgänge bei Faserstoffen

Heft 35:
Professor Dr. Wilhelm Kast, Krefeld
Feinstrukturuntersuchungen an künstlichen Zellulosefasern verschiedener Herstellungsverfahren

Heft 36:
Forschungsinstitut der feuerfesten Industrie, Bonn
Untersuchungen über die Trocknung von Rohton.
Untersuchungen über die chemische Reinigung von Silika- und Schamotte-Rohstoffen mit chlorhaltigen Gasen

Heft 37:
Forschungsinstitut der feuerfesten Industrie, Bonn
Untersuchungen über den Einfluß der Probenvorbereitung auf die Kaltdruckfestigkeit feuerfester Steine

Heft 38:
Forschungsstelle für Acetylen, Dortmund
Untersuchungen über die Trocknung von Acetylen zur Herstellung von Dissousgas

Heft 39:
Forschungsgesellschaft Blechverarbeitung e. V., Düsseldorf
Untersuchungen an prägegemusterten und vorgelochten Blechen

Heft 40:
Landesgeologe Dr.-Ing. W. Wolff, Amt für Bodenforschung, Krefeld
Untersuchungen über die Anwendbarkeit geophysikalischer Verfahren zur Untersuchung von Spateisengängen im Siegerland

Heft 41:
Techn.-Wissenschaftl. Büro für die Bastfaserindustrie, Bielefeld
Untersuchungsarbeiten zur Verbesserung des Leinenwebstuhles II

Heft 42:
Professor Dr. Burckhardt Helferich, Bonn
Untersuchungen über Wirkstoffe — Fermente — in der Kartoffel und die Möglichkeit ihrer Verwendung

Heft 43:
Forschungsgesellschaft Blechverarbeitung e. V., Düsseldorf
Forschungsergebnisse über das Beizen von Blechen

Heft 44:
Arbeitsgemeinschaft für praktische Dehnungsmessung, Düsseldorf
Eigenschaften und Anwendungen von Dehnungsmeßstreifen

Heft 45:
Losenhausenwerk Düsseldorfer Maschinenbau AG., Düsseldorf
Untersuchungen von störenden Einflüssen auf die Lastgrenzenanzeige von Dauerschwingprüfmaschinen

Heft 46:
Professor Dr. phil. W. Fuchs, Aachen
Untersuchungen über die Aufbereitung von Wasser für die Dampferzeugung in Benson-Kesseln

Heft 47:
Prof. Dr.-Ing. habil. Karl Krekeler, Aachen
Versuche über die Anwendung der induktiven Erwärmung zum Sintern von hochschmelzenden Metallen sowie zur Anlegierung und Vergütung von aufgespritzten Metallschichten mit dem Grundwerkstoff.

Heft 48:
Max-Planck-Institut für Eisenforschung, Düsseldorf
Spektrochemische Analyse der Gefügebestandteile in Stählen nach ihrer Isolierung

Heft 49:
Max-Planck-Institut für Eisenforschung, Düsseldorf
Untersuchungen über Ablauf der Desoxydation und die Bildung von Einschlüssen in Stählen

Heft 50:
Max-Planck-Institut für Eisenforschung, Düsseldorf
Flammenspektralanalytische Untersuchung der Ferritzusammensetzung in Stählen

Heft 51:
Verein zur Förderung von Forschungs- und Entwicklungsarbeiten in der Werkzeugindustrie e. V., Remscheid
Untersuchungen an Kreissägeblättern für Holz, Fehler- und Spannungsprüfverfahren

Heft 52:
Forschungsstelle für Azetylen, Dortmund
Untersuchungen über den Umsatz bei der explosiblen Zersetzung von Azetylen
  a) Zersetzung von gasförmigem Azetylen,
  b) Zersetzung von an Silikagel adsorbiertem Azetylen

Heft 53:
Professor Dr.-Ing. H. Opitz, Aachen
Reibwert- und Verschleißmessungen an Kunststoffgleitführungen für Werkzeugmaschinen

Heft 54:
Professor Dr.-Ing. habil. F. A. F. Schmidt, Aachen
Schaffung von Grundlagen für die Erhöhung der spez. Leistung und Herabsetzung des spez. Brennstoffverbrauches bei Ottomotoren mit Teilbericht über Arbeiten an einem neuen Einspritzverfahren

Heft 55:
Forschungsgesellschaft Blechverarbeitung, Düsseldorf
Chemisches Glänzen von Messing und Neusilber

Heft 56:
Forschungsgesellschaft Blechverarbeitung, Düsseldorf
Untersuchungen über einige Probleme der Behandlung von Blechoberflächen

Heft 57:
Prof. Dr.-Ing. habil. F. A. F. Schmidt, Aachen
Untersuchungen zur Erforschung des Einflusses des chemischen Aufbaues des Kraftstoffes auf sein Verhalten im Motor und in Brennkammern von Gasturbinen.

Heft 58:
Gesellschaft für Kohlentechnik m. b. H., Dortmund
Herstellung und Untersuchung von Steinkohlenschwelteer.

Heft 59:
Forschungsinstitut der Feuerfest-Industrie, Bonn
Ein Schnellanalysenverfahren zur Bestimmung von Aluminiumoxyd, Eisenoxyd und Titanoxyd in feuerfestem Material mittels organischer Farbreagenzien auf photometrischem Wege
Untersuchungen des Alkali-Gehaltes feuerfester Stoffe mit dem Flammenphotometer nach Riehm-Lange

Heft 60:
Forschungsgesellschaft Blechverarbeitung e. V., Düsseldorf
Untersuchungen über das Spritzlackieren im elektrostatischen Hochspannungsfeld

Heft 61:
Verein zur Förderung von Forschungs- und Entwicklungsarbeiten in der Werkzeugindustrie e. V., Remscheid
Schwingungs- und Arbeitsverhalten von Kreissägeblättern für Holz

Heft 62:
Professor Dr. W. Franz, Institut für theoretische Physik der Universität Münster
Berechnung des elektrischen Durchschlags durch feste und flüssige Isolatoren

Heft 63:
Textilforschungsanstalt Krefeld
Neue Methoden zur Untersuchung der Wirkungsweise von Textilhilfsmitteln
Untersuchungen über Schlichtungs- und Entschlichtungsvorgänge

Heft 64:
Textilforschungsanstalt Krefeld
Die Kettenlängenverteilung von hochpolymeren Faserstoffen
Über die fraktionierte Fällung von Polyamiden

Heft 65:
Fachverband Schneidwarenindustrie, Solingen
Untersuchungen über das elektrolytische Polieren von Tafelmesserklingen aus rostfreiem Stahl

Heft 66:
Dr.-Ing. Peter Füsgen VDI †, Düsseldorf
Untersuchungen über das Auftreten des Ratterns bei selbsthemmenden Schneckengetrieben und seine Verhütung

Heft 67:
Heinrich Wösthoff o. H. G., Apparatebau, Bochum
Entwicklung einer chemisch-physikalischen Apparatur zur Bestimmung kleinster Kohlenoxyd-Konzentrationen

Heft 68:
Kohlenstoffbiologische Forschungsstation e. V., Essen
Algengroßkulturen im Sommer 1952
II. Über die unsterile Großkultur von Scenedesmus obliquus

Heft 69:
Wäschereiforschung Krefeld
Bestimmung des Faserabbaues bei Leinen unter besonderer Berücksichtigung der Leinengarnbleiche

Heft 70:
Wäschereiforschung Krefeld
Trocknen von Wäschestoffen

Heft 71:
Prof. Dr.-Ing. K. Leist, Aachen
Kleingasturbinen, insbesondere zum Fahrzeugantrieb

Heft 72:
Prof. Dr.-Ing. K. Leist, Aachen
Beitrag zur Untersuchung von stehenden geraden Turbinengittern mit Hilfe von Druckverteilungsmessungen

Heft 73:
Prof. Dr.-Ing. K. Leist, Aachen
Spannungsoptische Untersuchungen von Turbinenschaufelfüßen

Heft 74:
Max-Planck-Institut für Eisenforschung, Düsseldorf
Versuche zur Klärung des Umwandlungsverhaltens eines sonderkarbidbildenden Chromstahls

Heft 75:
Max-Planck-Institut für Eisenforschung, Düsseldorf
Zeit-Temperatur-Umwandlungs-Schaubilder als Grundlage der Wärmebehandlung der Stähle

Heft 76:
Max-Planck-Institut für Arbeitsphysiologie, Dortmund
Arbeitstechnische und arbeitsphysiologische Rationalisierung von Mauersteinen

Heft 77:
Meteor Apparatebau Paul Schmeck G. m. b. H., Siegen
Entwicklung von Leuchtstoffröhren hoher Leistung

Heft 78:
Forschungsstelle für Acetylen, Dortmund
Über die Zustandsgleichung des gasförmigen Acetylens und das Gleichgewicht Acetylen—Aceton

Heft 79:
Techn.-Wissenschaftl. Büro für die Bastfaserindustrie, Bielefeld
Trocknung von Leinengarnen III
Spinnspulen- und Spinnkopstrocknung
Vorgang und Einwirkung auf die Garnqualität

Heft 80:
Techn.-Wissenschaftl. Büro für die Bastfaserindustrie, Bielefeld
Die Verarbeitung von Leinengarn auf Webstühlen mit und ohne Oberbau

Heft 81:
Prüf- und Forschungsinstitut für Ziegeleierzeugnisse, Essen-Kray
Die Einführung des großformatigen Einheits-Gitterziegels im Lande Nordrhein-Westfalen

Heft 82:
Vereinigte Aluminium-Werke AG., Bonn
Forschungsarbeiten auf dem Gebiet der Veredelung von Aluminium-Oberflächen

Heft 83:
Prof. Dr. S. Strugger, Münster
Über die Struktur der Proplastiden

Heft 84:
Dr. med. habil., Dr. phil. H. Baron, Düsseldorf
Über Standardisierung von Wundtextilien

Heft 85:
Textilforschungsanstalt Krefeld
Physikalische Untersuchungen an Fasern, Fäden, Garnen und Geweben:
Untersuchungen am Knickscheuergerät nach Weltzien

Heft 86:
Professor Dr.-Ing. H. Opitz, Aachen
Untersuchungen über das Fräsen von Baustahl sowie über den Einfluß des Gefüges auf die Zerspanbarkeit

Heft 87:
Gemeinschaftsausschuß Verzinken, Düsseldorf
Untersuchungen über Güte von Verzinkungen

Heft 88:
Gesellschaft für Kohlentechnik mbH., Dortmund-Eving
Oxydation von Steinkohle mit Salpetersäure

Heft 89:
Verein Deutscher Ingenieure, Gleitlagerforschung, Düsseldorf und Prof. Dr.-Ing. G. Vogelpohl, Göttingen
Versuche mit Preßstoff-Lagern für Walzwerke

Heft 90:
Forschungs-Institut der Feuerfest-Industrie, Bonn
Das Verhalten von Silikasteinen im Siemens-Martin-Ofengewölbe

Heft 91:
Forschungs-Institut der Feuerfest-Industrie, Bonn
Untersuchungen des Zusammenhangs zwischen Leistung und Kohlenverbrauch von Kammeröfen zum Brennen von feuerfesten Materialien

Heft 92:
Techn.-Wissenschaftl. Büro für die Bastfaserindustrie, Bielefeld und Laboratorium für textile Meßtechnik, M.-Gladbach
Messungen von Vorgängen am Webstuhl

Heft 93:
Prof. Dr. W. Kast, Krefeld
Spinnversuche zur Strukturerfassung künstlicher Zellulosefasern

Heft 94:
Prof. Dr. phil. habil. G. Winter, Bonn
Die Heilpflanzen des MATTHIOLUS (1611) gegen Infektionen der Harnwege und Verunreinigung der Wunden bzw. zur Förderung der Wundheilung im Lichte der Antibiotikaforschung

Heft 95:
Prof. Dr. phil. habil. G. Winter, Bonn
Untersuchungen über die flüchtigen Antibiotika aus der Kapuziner- (Tropaeolum maius) und Gartenkresse (Lepidium sativum) und ihr Verhalten im menschlichen Körper bei Aufnahme von Kapuziner- bzw. Gartenkressensalat per os

Heft 96:
Dr.-Ing. P. Koch, Dortmund
Austritt von Exoelektronen aus Metalloberflächen unter Berücksichtigung der Verwendung des Effektes für die Materialprüfung

Heft 97:
Ing. H. Stein, M.-Gladbach
Laboratorium für textile Meßtechnik
Untersuchung der Verzugsvorgänge an den Streckwerken verschiedener Spinnereimaschinen
2. Bericht: Ermittlung der Haft-Gleiteigenschaften von Faserbändern und Vorgarnen

Heft 98:
Fachverband Gesenkschmieden, Hagen
Die Arbeitsgenauigkeit beim Gesenkschmieden unter Hämmern

Heft 99:
Prof. Dr.-Ing. G. Garbotz, Aachen
Der Kraft- und Arbeitsaufwand sowie die Leistungen beim Biegen von Bewehrungsstählen in Abhängigkeit von den Abmessungen, den Formen und der Güte der Stähle (Ermittlung von Leistungsrichtlinien)

Heft 100:
Prof. Dr.-Ing. H. Opitz, Aachen
Untersuchungen von elektrischen Antrieben, Steuerungen und Regelungen an Werkzeugmaschinen

Heft 101:
Prof. Dr.-Ing. H. Opitz, Aachen
Wirtschaftlichkeitsbetrachtungen beim Außenrundschleifen

Heft 102:
Dr. phil. habil. P. Hölemann, Ing. R. Hasselmann und Ing. G. Dix, Dortmund
Untersuchungen über die thermische Zündung von explosiblen Azetylenzersetzungen in Kapillaren

Heft 103:
Prof. Dr. phil. W. Weizel, Bonn
Durchführung von experimentellen Untersuchungen über den zeitlichen Ablauf von Funken in komprimierten Edelgasen sowie zu deren mathematischen Berechnung

Heft 104:
Prof. Dr. phil. W. Weizel, Bonn
Über den Einfluß der Elektroden auf die Eigenschaften von Cadmium-Sulfid-Widerstands-Photozellen

Heft 105:
Dr.-Ing. R. Meldau, Harsewinkel/Westf.
Auswertung von Gekörn – Analysen des Musterstaubes „Flugasche Fortuna I"

Heft 106:
ORR. Dr.-Ing. W. Küch, Dortmund
Untersuchungen über die Einwirkung von feuchtigkeitsgesättigter Luft auf die Festigkeit von Leimverbindungen

Heft 107:
Prof. Dr. phil. H. Lange, Köln
Dipl.-Phys. P. St. Pütter, Köln
Über die Konstruktion von Laboratoriumsmagneten

Heft 108:
Prof. Dr. phil. W. Fuchs, Aachen
Untersuchungen über neue Beizmethoden und Beizabwässer
I. Die Entzunderung von Drähten mit Natriumhydrid
II. Die Aufbereitung von Beizabwässern

Heft 109:
Dr. phil. habil. P. Hölemann und Ing. R. Hasselmann, Dortmund
Untersuchungen über die Löslichkeit von Azetylen in verschiedenen organischen Lösungsmitteln

Heft 110:
Dr. phil. habil. P. Hölemann und Ing. R. Hasselmann, Dortmund
Untersuchungen über den Druckverlauf bei der explosiblen Zersetzung von gasförmigem Azetylen

Heft 111:
Fachverband Steinzeugindustrie, Köln
Die Entwicklung eines Gerätes zur Beschickung seitlicher Feuer von Steinzeug-Einzelkammeröfen mit festen Brennstoffen

Heft 112:
Prof. Dr.-Ing. H. Opitz, Aachen
Verschleißmessungen beim Drehen mit aktivierten Hartmetallwerkzeugen

Heft 113:
Prof. Dr. med. O. Graf, Dortmund
Erforschung der geistigen Ermüdung und nervösen Belastung: Studien über die vegetative 24-Stunden-Rhythmik in Ruhe und unter Belastung

Heft 114:
Prof. Dr. med. O. Graf, Dortmund
Studien über Fließarbeitsprobleme an einer praxisnahen Experimentieranlage

Heft 115:
Prof. Dr. med. O. Graf, Dortmund
Studium über Arbeitspausen in Betrieben bei freier und zeitgebundener Arbeit (Fließarbeit) und ihre Auswirkung auf die Leistungsfähigkeit

Heft 116:
Prof. Dr.-Ing. E. Siebel und Dr.-Ing. H. Weise, Stuttgart
Untersuchungen an einigen Problemen des Tiefziehens – I. Teil

Heft 117:
Dr.-Ing. H. Beißwänger, Stuttgart, und Dr.-Ing. S. Schwandt, Trier
Untersuchungen an einigen Problemen des Tiefziehens – II. Teil

Heft 118:
Prof. Dr. med. E. A. Müller und Dr. med. H. G. Wenzel, Dortmund
Neuartige Klima-Anlage zur Erzeugung ungleicher Luft- und Strahlungstemperaturen in einem Versuchsraum

Heft 119:
Dr.-Ing. O. Viertel, Krefeld
Wäscherei- und energietechnische Untersuchung einer Gemeinschafts-Waschanlage

Heft 120:
Dipl.-Ing. Weisbecker, Lüdenscheid
Über Anfressung an Reinstaluminium-Schweißnähten bei der elektrolytischen Oxydation
Gebr. Hörstermann GmbH., Velbert
Entwicklung und Erprobung eines neuartigen Gummibandförderers

Heft 121:
Dr. rer. nat. H. Krebs, Bonn
I. Die Struktur und die Eigenschaften der Halbmetalle
II. Die Bestimmung der Atomverteilung in amorphen Substanzen
III. Die chemische Bindung in anorganischen Festkörpern und das Entstehen metallischer Eigenschaften

Heft 122:
Prof. Dr. phil. W. Fuchs, Aachen
Untersuchungen zur Verbesserung der Wasseraufbereitung und Wasseranalyse:
Über die Schnellbewertung von Ionenaustauscher

Heft 123:
Dipl.-Ing. J. Emondts, Aachen
Über Bodenverformungen bei stark gestörtem und mächtigem, wasserführendem Deckgebirge im Aachener Steinkohlengebiet

Heft 124:
Prof. Dr. R. Seÿffert, Köln
Wege und Kosten der Distribution der Hausratwaren im Lande Nordrhein-Westfalen

Heft 125:
Prof. Dr. phil. E. Kappler, Münster
Eine neue Methode zur Bestimmung von Kondensations-Keeffizienten von Wasser

Heft 126:
Prof. Dr.-Ing. habil. J. Mathieu, Aachen
Arbeitszeitvergleich
Grundlagen, Methodik und praktische Durchführung

Heft 127:
Güteschutz Betonstein e.V.,
Arbeitskreis Nordrhein-Westfalen, Dortmund
Die Betonwaren-Gütesicherung im
Lande Nordrhein-Westfalen

Heft 128:
Prof. Dr. phil. O. Schmitz-DuMont, Bonn
Untersuchungen über Reaktionen in flüssigem Ammoniak

VERÖFFENTLICHUNGEN DER ARBEITSGEMEINSCHAFT FÜR FORSCHUNG DES LANDES NORDRHEIN-WESTFALEN

Im Auftrage des Ministerpräsidenten Karl Arnold
Herausgegeben von Staatssekretär Prof. Leo Brandt

Heft 1:
Prof. Dr.-Ing. Friedrich Seewald, Technische Hochschule Aachen
Neue Entwicklungen auf dem Gebiete der Antriebsmaschinen
Prof. Dr.-Ing. Friedrich A. F. Schmidt, Technische Hochschule Aachen
Technischer Stand und Zukunftsaussichten der Verbrennungsmaschinen, insbesondere der Gasturbinen
Dr.-Ing. R. Friedrich, Siemens-Schuckert-Werke A.-G., Mülheimer Werk
Möglichkeiten und Voraussetzungen der industriellen Verwertung der Gasturbine

Heft 2:
Prof. Dr.-Ing. Wolfgang Riezler, Universität Bonn
Probleme der Kernphysik
Prof. Dr. phil. Fritz Micheel, Universität Münster,
Isotope als Forschungsmittel in der Chemie und Biochemie

Heft 3:
Prof. Dr. med. Emil Lehnartz, Universität Münster
Der Chemismus der Muskelmaschine
Prof. Dr. med. Gunther Lehmann, Direktor des Max-Planck-Instituts für Arbeitsphysiologie, Dortmund
Physiologische Forschung als Voraussetzung der Bestgestaltung der menschlichen Arbeit
Prof. Dr. Heinrich Kraut, Max-Planck-Institut für Arbeitsphysiologie, Dortmund
Ernährung und Leistungsfähigkeit

Heft 4:
Prof. Dr. Franz Wever, Max-Planck-Institut für Eisenforschung, Düsseldorf
Aufgaben der Eisenforschung
Prof. Dr.-Ing. Hermann Schenck, Technische Hochschule Aachen
Entwicklungslinien des deutschen Eisenhüttenwesens
Prof. Dr.-Ing. Max Haas, Techn. Hochschule Aachen
Wirtschaftliche und technische Bedeutung der Leichtmetalle und ihre Entwicklungsmöglichkeiten

Heft 5:
Prof. Dr. med. Walter Kikuth, Medizinische Akademie Düsseldorf
Virusforschung
Prof. Dr. Rolf Danneel, Universität Bonn
Fortschritte der Krebsforschung
Prof. Dr. med. Dr. phil. W. Schulemann, Univ. Bonn
Wirtschaftliche und organisatorische Gesichtspunkte für die Verbesserung unserer Hochschulforschung

Heft 6:
Prof. Dr. Walter Weizel, Institut für theoretische Physik, Bonn
Die gegenwärtige Situation der Grundlagenforschung in der Physik
Prof. Dr. Siegfried Strugger, Universität Münster
Das Duplikantenproblem in der Biologie
Prof. Dr. Rolf Danneel, Universität Bonn
Über das Verhalten der Mitochondrien bei der Mitose der Mesenchymzellen des Hühner-Embryos
Direktor Dr. Fritz Gummert, Ruhrgas A.-G., Essen
Überlegungen zu den Faktoren Raum und Zeit im biologischen Geschehen und Möglichkeiten einer Nutzanwendung

Heft 7:
Prof. Dr.-Ing. August Götte, Technische Hochschule Aachen
Steinkohle als Rohstoff und Energiequelle
Prof. Dr. e. h. Karl Ziegler, Max-Planck-Institut für Kohlenforschung Mülheim a. d. Ruhr
Über Arbeiten des Max-Planck-Instituts für Kohlenforschung

Heft 8:
Prof. Dr.-Ing. Wilhelm Fucks, Technische Hochschule Aachen
Die Naturwissenschaft, die Technik und der Mensch
Prof. Dr. sc. pol. Walther Hoffmann, Universität Münster
Wirtschaftliche und soziologische Probleme des technischen Fortschritts

Heft 9:
Prof. Dr.-Ing. Franz Bollenrath, Technische Hochschule Aachen
Zur Entwicklung warmfester Werkstoffe
Dr. Heinrich Kaiser, Staatl. Materialprüfungsamt Dortmund
Stand spektralanalytischer Prüfverfahren und Folgerung für deutsche Verhältnisse

Heft 10:
Prof. Dr. Hans Braun, Universität Bonn
Möglichkeiten und Grenzen der Resistenzzüchtung
Prof. Dr.-Ing. Carl Heinrich Dencker, Universität Bonn
Der Weg der Landwirtschaft von der Energieautarkie zur Fremdenergie

Heft 11:
Prof. Dr.-Ing. Herwart Opitz, Technische Hochschule Aachen
Entwicklungslinien der Fertigungstechnik in der Metallbearbeitung
Prof. Dr.-Ing. Karl Krekeler, Technische Hochschule Aachen
Stand und Aussichten der schweißtechnischen Fertigungsverfahren

Heft: 12
Dr. Hermann Rathert, Mitglied des Vorstandes der Vereinigten Glanzstoff-Fabriken A.-G., Wuppertal-Elberfeld
Entwicklung auf dem Gebiet der Chemiefaser-Herstellung
Prof. Dr. Wilhelm Weltzien, Direktor der Textilforschungsanstalt Krefeld
Rohstoff und Veredlung in der Textilwirtschaft

Heft: 13
Dr.-Ing. e. h. Karl Herz, Chefingenieur im Bundesministerium für das Post- und Fernmeldewesen Frankfurt a. Main
Die technischen Entwicklungstendenzen im elektrischen Nachrichtenwesen
Ministerialdirektor Dipl.-Ing. Leo Brandt, Düsseldorf
Navigation und Luftsicherung

Heft 14:
Prof. Dr. Burckhardt Helferich, Universität Bonn
Stand der Enzymchemie und ihre Bedeutung
Prof. Dr. med. Hugo W. Knipping, Direktor der Med. Universitätsklinik Köln
Ausschnitt aus der klinischen Carcinomforschung am Beispiel des Lungenkrebses

Heft 15:
Prof. Dr. Abraham Esau, Technische Hochschule Aachen
Die Bedeutung von Wellenimpulsverfahren in Technik und Natur
Prof. Dr.-Ing. Eugen Flegler, Technische Hochschule Aachen
Die ferromagnetischen Werkstoffe in der Elektrotechnik und ihre neueste Entwicklung

Heft 16:
Prof. Dr. rer. pol. Rudolf Seyffert, Universität Köln
Die Problematik der Distribution
Prof. Dr. rer. pol. Theodor Beste, Universität Köln
Der Leistungslohn

Heft 17:
Prof. Dr.-Ing. Friedrich Seewald, Technische Hochschule Aachen
Die Flugtechnik und ihre Bedeutung für den allgemeinen technischen Fortschritt
Prof. Dr.-Ing. Edouard Houdremont, Essen
Art und Organisation der Forschung in einem Industriekonzern

Heft 18:
Prof. Dr. med. Dr. phil. W. Schulemann, Universität Bonn
Theorie und Praxis pharmakologischer Forschung
Prof. Dr. Wilhelm Groth, Direktor des Physikalisch-Chemischen Instituts, Universität Bonn
Technische Verfahren zur Isotopentrennung

Heft 19:
Dipl.-Ing. Kurt Traenckner, Stellvertr. Vorstandsmitglied der Ruhrgas-A.G., Essen
Entwicklungstendenzen der Gaserzeugung

Heft 20:
M. Zvegintzov
Wissenschaftliche Forschung und die Auswertung ihrer Ergebnisse. Ziel und Tätigkeit der National Research Development Corporation
Dr. Alexander King, Department of Scientific & Industrial Research, London
Wissenschaft und internationale Beziehungen

Heft 21:
Prof. Dr. phil. Robert Schwarz, Aachen
Wesen und Bedeutung der Silicium-Chemie
Prof. Dr. Kurt Alder, Universität Köln
Fortschritte in der Synthese von Kohlenstoffverbindungen

Heft 21 a
Jahresfeier der Arbeitsgemeinschaft für Forschung des Landes Nordrhein-Westfalen am 21. 5. 1952 in Düsseldorf mit Ansprachen des Herrn Bundespräsidenten Professor Dr. Theodor Heuss, des Herrn Ministerpräsidenten Arnold, Frau Kultusminister Teusch, der Herren Professor Dr. Hahn, Professor Dr. Strugger, Vizepräsident Dobbert, Professor Dr. Richter, Professor Dr. Fucks.

Heft 22:
Prof. Dr. Johannes von Allesch, Universität Göttingen
Die Bedeutung der Psychologie im öffentlichen Leben
Prof. Dr. med. Otto Graf, Max-Planck-Institut für Arbeitsphysiologie, Dortmund
Triebfedern menschlicher Leistung

Heft 23:
Prof. Dr. phil. Dr. jur. h. c. Bruno Kuske, Universität Köln
Probleme der Raumforschung
Prof. Dr. Dr.-Ing. e. h. Prager
Städtebau und Landesplanung

Heft 24:
Prof. Dr. Rolf Danneel, Universität Bonn
Über die Wirkungsweise der Erbfaktoren
Prof. Dr. K. Herzog, Medizinische Akademie Düsseldorf
Bewegungsbedarf der menschlichen Gliedmaßengelenke bei der Berufsarbeit

Heft 25:
Prof. Dr. O. Haxel, Heidelberg
Energiegewinnung aus Kernprozessen
Dr. Dr. Max Wolf, Düsseldorf
Gegenwartsprobleme der energiewirtschaftlichen Forschung

Heft 26:
Prof. Dr. Friedrich Becker, Universität Bonn
Ultrakurzwellen aus dem Weltraum, ein neues Forschungsgebiet der Astronomie
Dozent Dr. H. Straßl, Bonn
Bemerkenswerte Doppelsterne und das Problem der Sternentwicklung

Heft 27:
Prof. Dr. Heinrich Behnke, Universität Münster
Der Strukturwandel der Mathematik in der ersten Hälfte des 20. Jahrhunderts
Prof. Dr. E. Sperner, Bonn
Eine mathematische Analyse der Luftdruckverteilungen in großen Gebieten

Heft 28:
Prof. Dr. O. Niemczyk, Aachen
Die Problematik gebirgsmechanischer Vorgänge im Steinkohlenbergbau
Prof. Dr. W. Ahrens, Krefeld
Die Bedeutung geologischer Forschung für die Wirtschaft, besonders in Nordrhein-Westfalen

Heft 29:
Prof. Dr. B. Rensch, Münster
Das Problem der Residuen bei Lernleistungen
Prof. Dr. H. Fink, Köln
Über Leberschäden bei der Bestimmung des biologischen Wertes verschiedener Eiweiße von Mikroorganismen

Heft 30:
Prof. Dr.-Ing. F. Seewald, Aachen
Forschungen auf dem Gebiete der Aerodynamik
Prof. Dr.-Ing. K. Leist, Aachen
Forschungen in der Gasturbinentechnik

Heft 31:
Direktor Dr. F. Mietzsch, Wuppertal
Chemie und wirtschaftliche Bedeutung der Sulfonamide
Prof. Dr. G. Domagk, Wuppertal
Die experimentellen Grundlagen der Chemotherapie der bakteriellen Infektionen

Heft 32:
Prof. Dr. Hans Braun, Universität Bonn
Die Verschleppung von Pflanzenkrankheiten und -schädlingen über die Welt
Prof. Dr. Wilhelm Rudorf, Max-Planck-Institut für Züchtungsforschung, Voldagsen
Der Beitrag von Genetik und Züchtung zur Bekämpfung von Viruskrankheiten der Nutzpflanzen

Heft 33:
Prof. Dr.-Ing. V. Aschoff, Aachen
Probleme der elektroakustischen Einkanalübertragung
Prof. Dr.-Ing. H. Döring, Aachen
Erzeugung und Verstärkung von Mikrowellen

Heft 34:
Geheimrat Prof. Dr. Rudolf Schenck, Aachen
Bedingungen und Gang der Kohlenhydratsynthese im Licht
Prof. Dr. Emil Lehnartz, Universität Münster
Die Endstufen des Stoffabbaus im Organismus

Heft 35:
Prof. Dr.-Ing. H. Schenk, Aachen
Gegenwartsprobleme der Eisenindustrie in Deutschland
Prof. Dr.-Ing. E. Piwowarsky, Aachen
Gelöste und ungelöste Probleme des Gießereiwesens

Heft 36:
Prof. Dr. W. Riezler, Bonn
Teilchenbeschleuniger
Prof. Dr. med. G. Schubert, Hamburg
Anwendung neuer Strahlenquellen in der Krebstherapie

Heft 37:
Prof. Dr. F. Lotze, Münster
Probleme der Gebirgsbildung
Bergwerksdirektor Bergassessor a. D. Rauschenbach, Essen
Die Erhaltung der Förderungskapazität des Ruhrbergbaues auf lange Sicht

Heft 38:
Dr. E. C. Cherry, D. Sc., A.M.I.E.E., London
Cybernetics
Prof. Dr. E. Pietsch, Clausthal-Zellerfeld
Dokumentation und mechanisches Gedächtnis — zur Frage der Ökonomie der geistigen Arbeit

Heft 39:
Dr. H. Haase, Hamburg
Infrarot und seine technischen Anwendungen
Prof. Dr. A. Esau, Aachen
Die Bedeutung des Ultraschalls für technische Anwendungsgebiete

Heft 40:
Bergassessor F. Lange, Bochum-Hordel
Die wissenschaftliche und soziale Bedeutung der Silikose im Bergbau
Prof. Dr. W. Kikuth, Düsseldorf
Die Entstehung der Silikose und ihre Verbreitungsmaßnahmen

Heft 40a:
Prof. Dr. E. Groß, Bonn
Berufskrebs und Krebsforschung
Prof. Dr. H. W. Knipping, Köln
Die Situation der Krebsforschung vom Standpunkt der Klinik und des praktischen Arztes

Heft 41:
Dr.-Ing. G. V. Lachmann, Teddington
An einer neuen Entwicklungsschwelle im Flugzeugbau
Dr. A. Gerber, Zürich
Stand der Entwicklung der Raketen- und Lenktechnik

Heft 42:
Prof. Dr. Theodor Kraus, Köln
Lokalisationsphänomene und Raumordnung vom Standpunkt der geographischen Wissenschaft
Direktor Dr. Fritz Gummert, Essen
Vom Ernährungsversuchsfeld der Kohlenstoffbiologischen Forschungsstation Essen (Ein 6 Jahre lang

durchgeführter Versuch, einen Menschen aus dem Ertrag von 1250 qm zu ernähren).

Heft 43:
Prof. Giovanni Lampariello, Rom
Über Leben und Werk von Heinrich Hertz
Prof. Dr. Walter Weizel, Bonn
Über das Problem der Kausalität in der Physik

Heft 44:
Prof. Dr. Burckhardt Helferich, Bonn
Über Glykoside
Prof. Dr. Fritz Micheel, Münster
Kohlenhydrat-Eiweißverbindungen und ihre biochemische Bedeutung

Heft 45:
Prof. Dr. John von Neumann, Princeton/USA
Entwicklung und Ausnutzung neuerer mathematischer Maschinen
Prof. Dr. E. Stiefel, Zürich
Rechenautomaten im Dienste der Technik mit Beispielen aus dem Züricher Institut für angewandte Mathematik

Geisteswissenschaften

Heft 1:
Prof. Dr. W. Richter, Bonn,
Die Bedeutung der Geisteswissenschaften für die Bildung unserer Zeit
Prof. Dr. J. Ritter, Münster,
Die aristotelische Lehre vom Ursprung und Sinn der Theorie

Heft 2:
Prof. Dr. J. Kroll, Köln,
Elysium
Prof. Dr. G. Jachmann, Köln,
Die vierte Ekloge Vergils

Heft 3:
Prof. Dr. H. E. Stier, Münster,
Die klassische Demokratie

Heft 4:
Prof. Dr. W. Caskel, Köln,
Lihjan und Lihjanisch. Sprache und Kultur eines früharabischen Königreiches

Heft 5:
Prof. Dr. Th. Ohm, Münster,
Stammesreligionen im südlichen Tanganyika-Territorium. — Religionswissenschaftliche Ergebnisse meiner Ostafrikareise 1951

Heft 6:
Prälat Prof. Dr. G. Schreiber, Münster,
Deutsche Wissenschaftspolitik von Bismarck bis zum Atomphysiker Otto Hahn

Heft 7:
Prof. Dr. W. Holtzmann, Bonn,
Das mittelalterliche Imperium und die werdenden Nationen

Heft 8:
Prof. Dr. W. Caskel, Köln,
Die Bedeutung der Beduinen in der Geschichte der Araber

Heft 9:
Prälat Prof. Dr. Georg Schreiber, Münster
Iroschottische Motive im abendländischen Sakralraum

Heft 10:
Prof. Dr. P. Rassow, Köln,
Forschungen zur Reichsidee im 16. und 17. Jahrhundert

Heft 11:
Prof. Dr. H. E. Stier, Münster,
Roms Aufstieg zur Weltherrschaft

Heft 12:
Prof. Dr. D. K. H. Rengstorf, Münster,
Zum Problem der Gleichberechtigung zwischen Mann und Frau auf dem Boden des Urchristentums
Prof. Dr. H. Conrad, Bonn,
Grundprobleme einer Reform des Familienrechts

Heft 13:
Professor Dr. Max Braubach, Bonn,
Der Weg zum 20. Juli 1944 — Ein Forschungsbericht

Heft 14:
Prof. Dr. Paul Hübinger, Münster
Das deutsch-französische Verhältnis und seine mittelalterlichen Grundlagen

Heft 15:
Prof. Dr. Franz Steinbach, Bonn,
Der geschichtliche Weg des wirtschaftenden Menschen in die soziale Freiheit und politische Verantwortung

Heft 16:
Prof. Dr. Josef Koch, Köln,
Die Ars coniecturalis des Nikolaus von Cues

Heft 17:
Dr. James B. Conant,
U.S.-Hochkommissar für Deutschland,
Staatsbürger und Wissenschaftler
Prof. Dr. D. Karl Heinrich Rengstorf, Münster,
Antike und Christentum

Heft 18:
Prof. Dr. Richard Alewyn, Köln,
Klopstocks Publikum

Heft 19:
Prof. Dr. Fritz Schalk, Köln,
Das Lächerliche in der französischen Literatur des Ancien Régime

Heft 20:
Prof. Dr. Ludwig Raiser, Bad Godesberg,
Präsident der Deutschen Forschungsgemeinschaft
Rechtsfragen der Mitbestimmung

Heft 21:
Prof. D. Martin Noth, Bonn,
Das Geschichtsverständnis der alttestamentlichen Apokalyptik

Heft 22:
Prof. Dr. Walter F. Schirmer, Bonn
Glück und Ende der Könige in Shakespeares Historien

Heft 23:
Prof. Dr. Günther Jachmann, Köln
Der homerische Schiffskatalog und die Ilias

Heft 24:
Prof. Dr. Theodor Klauser, Bonn
Die römischen Petrustraditionen im Lichte der neuen Ausgrabungen unter der Peterskirche

Heft 25:
Prof. Dr. Hans Peters, Köln
Der Grundsatz der Gewaltentrennung in heutiger Sicht

Heft 26:
Prof. Dr. Fritz Schalk, Köln
Calderon und die Mythologie

Heft 27:
Prof. Dr. Josef Kroll, Köln
Vom Leben Geflügelter Worte

Heft 28:
Prof. Dr. Thomas Ohm
Die Religionen in Asien

Heft 29:
Prof. Dr. Leo Weisgerber, Bonn
Die Ordnung der Sprache im persönlichen und öffentlichen Leben

Heft 30:
Prof. Dr. Werner Caskel, Köln
Entdeckungen in Arabien

Heft 31:
Prof. Dr. Max Braubach, Bonn
Entstehung und Entwicklung der landesgeschichtlichen Bestrebungen und historischen Vereine im Rheinland

Heft 32:
Prof. Dr. Fritz Schalk, Köln
Somnium und verwandte Wörter in den romanischen Sprachen

If you have any concerns about our products,
you can contact us on
ProductSafety@springernature.com

In case Publisher is established outside the EU,
the EU authorized representative is:
**Springer Nature Customer Service Center GmbH
Europaplatz 3, 69115 Heidelberg, Germany**

Printed by Libri Plureos GmbH
in Hamburg, Germany